网页设计与制作教程

主编 尹 华 钟 琦 何显文

北京航空航天大学出版社

内容简介

本书具备知识性、技术性、应用性与示范性，内容涵盖网页设计的理论知识和网页制作技术；通过对网页设计与制作相关知识、技术、开发工具和应用示例的介绍，帮助读者培养 Web 应用和信息发布的能力。全书包含 7 章：网页设计基础知识、网页开发方法和布局、XHTML 基础知识、CSS 入门、Dreamweaver 网页设计软件、Fireworks 图像处理软件、DIV＋CSS 网页制作。读者可以由浅入深、循序渐进地了解网站建设和网页设计的完整过程。

本书适合作为普通高等院校"网页设计与制作"课程的教材，也可作为相关培训教材或相关领域技术人员的参考书。

图书在版编目(CIP)数据

网页设计与制作教程／尹华，钟琦，何显文主编
． -- 北京 ：北京航空航天大学出版社，2017.3
ISBN 978－7－5124－2342－8

Ⅰ．①网… Ⅱ．①尹… ②钟… ③何… Ⅲ．①网页制作工具－高等学校－教材 Ⅳ．①TP393.092.2

中国版本图书馆 CIP 数据核字(2017)第 031025 号

版权所有，侵权必究。

网页设计与制作教程

主编　尹　华　钟　琦　何显文
责任编辑　宋淑娟

＊

北京航空航天大学出版社出版发行

北京市海淀区学院路 37 号（邮编 100191）　http://www.buaapress.com.cn
发行部电话：(010)82317024　传真：(010)82328026
读者信箱：bhpress@263.net　邮购电话：(010)82316936
涿州市新华印刷有限公司印装　各地书店经销

＊

开本：710×1 000　1/16　印张：15.25　字数：325 千字
2017 年 3 月第 1 版　　2018 年 1 月第 2 次印刷
ISBN 978－7－5124－2342－8　　定价：35.00 元

若本书有倒页、脱页、缺页等印装质量问题，请与本社发行部联系调换。联系电话：(010)82317024

编委会

主　编　尹　华　钟　琦　何显文
副主编　范林秀　严深海　朱隆尹

前 言

随着信息化浪潮席卷全球,电子商务迅速发展,企业及公司网站已经成为商业往来和信息发布的重要途径,而网站则是网络传媒的一种很好的方式,许多企业都需要完成自己企业的网站设计与制作,因此,社会对网页设计与制作的人才需求量相当大。

当前主流的网页设计制作主要是采用 Adobe 公司的系列软件完成的,因此,本文介绍 Adobe 公司的 Dreamweaver 和 Fireworks 网页设计制作软件。当前,在 Web 基于 W3C 标准的网页规范定义中,把网页分为三个部分:结构化语言、样式表现语言和行为控制语言。结构化标准语言主要有 HTML 超文本标签语言、XML 可扩展标签语言和 XHTML 可扩展超文本标签语言;样式表现标准语言主要包括 CSS 层叠样式表;行为控制标准语言主要包括对象模型(如 W3C DOM)和 ECMAScript 等。网页设计制作要想符合 W3C 标准,实际上就是对网页的结构、样式表现和行为控制进行分离,即 XHTML、CSS 和 JavaScript 的分离。

当然,无论采用什么标准和什么软件进行网页设计制作,其一般流程都是先完成设计稿的制作,再针对设计稿来完成页面制作的编码,换言之,网页的设计制作工序主要由两部分构成:一是设计,二是制作。

因此,本书按照网页设计制作工序进行组织,并在内容中严格遵守 W3C 的 Web 标准,从而实现对网页的结构、样式表现和行为控制三个方面的分离。

本书第 1、2 章主要对网页设计与制作的概念进行介绍,包括网络概述、网页的组成、常用的网页设计工具、网页开发的基本方法、网站规划和页面布局、网站服务器架构;第 3、4 章主要介绍 XHTML 基础知识和 CSS 入门知识,包括 XHTML 概述、页面的基本构成元素、CSS 概述、CSS 样式和语法等;第 5、6 章主要介绍网页设计的软件工具 Dreamweaver 和 Fireworks,并以实例加以阐述;第 7 章主要介绍利用 DIV+CSS 进行网页制作来完成网页布局,进而构建网站的过程。本书详细介绍网站从设计到制作的全过程,从 Fireworks 设计到基于 W3C 标准的模块化制作,以及最终完成网页设计,内容涵盖基础知识、软件操作、实用技巧和应用开发,使读者可以由浅入深、循序渐进地了解网页设计的完整过程。

对于网页设计制作的学习,可以通过以网页设计制作过程为主线,把知识点融会贯通到全书的每个章节,并在完成各章节的学习后进行拓展实验,来提高独立分析问题和解决问题的能力,把教学情境融入网页设计制作的实际情境中。

本书既适合教学,又适合自学;既可以作为计算机相关专业学习网页设计、Web 前端设计的教材,又可以作为网页设计和制作的工具书。

在本书编写过程中得到了众多国内前端工程师的大力支持,并参考了相关文献,在此表示诚挚的谢意。

由于作者水平有限,对于书中疏漏和错误之处,敬请读者批评指正。

编 者

2016 年 11 月 26 日

目 录

第1章 网页设计基础知识 ··· 1

1.1 网络概述 ··· 1
1.1.1 Internet ·· 1
1.1.2 Web 的体系 ··· 3
1.1.3 认识网站与网页 ··· 4
1.2 网页的组成 ·· 4
1.2.1 网页的本质和功能组成 ·· 4
1.2.2 网页的基本构成要素 ·· 9
1.2.3 网页的浏览 ··· 10
1.3 常用的网页设计工具 ··· 16
1.3.1 网页编辑工具 ·· 16
1.3.2 素材处理工具 ·· 17
1.4 小 结 ·· 19
习 题 ·· 19

第2章 网页开发方法和布局 ·· 20

2.1 网页开发的基本方法 ··· 20
2.1.1 网页开发的步骤 ·· 20
2.1.2 网站文件命名 ·· 20
2.1.3 网站页面结构 ·· 21
2.2 网站规划和页面布局 ··· 23
2.2.1 网站主题与风格的确定 ·· 23
2.2.2 网页的重心平衡 ·· 23
2.2.3 网页中的色彩运用 ··· 24
2.2.4 网页版式设计 ·· 25
2.3 网站服务器架构 ·· 29
2.3.1 Web 服务器 ··· 29
2.3.2 IIS 的安装与配置 ·· 30
2.3.3 备份和恢复 IIS 设置 ··· 36
2.3.4 发布网站 ··· 36
2.4 小 结 ·· 37

习　题 …………………………………………………………………… 37

第 3 章　XHTML 基础知识 ………………………………………… 38

3.1　HTML、XML、XHTML 概述 ………………………………… 38
3.1.1　HTML 概述 ……………………………………………… 38
3.1.2　XML 概述 ………………………………………………… 39
3.1.3　XHTML 概述 …………………………………………… 40
3.1.4　XHTML 基本语法 ……………………………………… 40

3.2　页面的基本构成元素 …………………………………………… 42
3.2.1　网页的基本构成 ………………………………………… 42
3.2.2　认识主体结构 …………………………………………… 44
3.2.3　文档校验 ………………………………………………… 45

3.3　文本的标签 ……………………………………………………… 47
3.3.1　区段格式标签 …………………………………………… 47
3.3.2　字符格式标签 …………………………………………… 52
3.3.3　列表标签 ………………………………………………… 55

3.4　页面风格 ………………………………………………………… 57
3.5　超链接 …………………………………………………………… 59
3.6　音乐、影视和图像标签 ………………………………………… 61
3.7　图像的超链接 …………………………………………………… 64
3.8　表　格 …………………………………………………………… 65
3.9　表　单 …………………………………………………………… 67
3.10　框架结构 ……………………………………………………… 69
3.11　小　结 ………………………………………………………… 71
习　题 …………………………………………………………………… 72

第 4 章　CSS 入门 …………………………………………………… 73

4.1　CSS 概述 ………………………………………………………… 73
4.1.1　CSS 简介 ………………………………………………… 73
4.1.2　CSS 在页面风格设计中的作用 ………………………… 73

4.2　CSS 样式 ………………………………………………………… 75
4.2.1　内联定义 ………………………………………………… 75
4.2.2　定义内部样式块对象 …………………………………… 75
4.2.3　外部样式表文件 ………………………………………… 76

4.3　CSS 语法 ………………………………………………………… 78
4.3.1　基本语法规范 …………………………………………… 78

  4.3.2 CSS 的值 ································ 79
  4.3.3 定义字体 ································ 80
  4.3.4 定义链接的样式 ························ 80
 4.4 CSS 选择器 ···································· 81
 4.5 CSS 的层叠性 ································· 86
  4.5.1 CSS 层叠性概述 ························ 86
  4.5.2 CSS 层叠的运用 ························ 88
 4.6 CSS 的优先级 ································· 88
 4.7 小结 ·· 90
 习题 ·· 90

第 5 章 Dreamweaver 网页设计软件 ············ 91

 5.1 初识 Dreamweaver ·························· 91
  5.1.1 Dreamweaver CS6 工作环境 ········ 91
  5.1.2 Dreamweaver 常用快捷键 ··········· 99
 5.2 创建网站 ······································ 100
  5.2.1 站点的概念 ···························· 100
  5.2.2 站点的规划 ···························· 100
  5.2.3 创建站点 ······························· 101
  5.2.4 管理站点 ······························· 103
 5.3 创建网页 ······································ 105
  5.3.1 新建 HTML 网页 ···················· 105
  5.3.2 编辑 HTML 文档 ···················· 107
  5.3.3 保存并浏览网页 ······················ 109
 5.4 文本与图像混合编辑 ······················· 110
  5.4.1 文本的插入与编辑 ··················· 110
  5.4.2 文本操作案例 ························· 112
  5.4.3 图像的插入与编辑 ··················· 114
  5.4.4 图像操作案例 ························· 116
 5.5 创建超链接 ·································· 119
  5.5.1 超链接分类 ···························· 119
  5.5.2 超链接操作案例 ······················ 119
 5.6 表格处理 ······································ 123
  5.6.1 表格的插入与编辑 ··················· 123
  5.6.2 表格操作案例 ························· 126
 5.7 AP DIV 的应用 ······························ 130

5.7.1 AP DIV 的创建与属性设置 …… 130
5.7.2 AP DIV 操作案例 …… 132
5.8 在 Dreamweaver 中定义 CSS …… 136
5.8.1 创建 CSS 样式 …… 136
5.8.2 编辑和删除 CSS 样式 …… 141
5.9 多媒体应用 …… 142
5.9.1 插入声音 …… 142
5.9.2 插入 Flash 动画 …… 143
5.9.3 插入视频 …… 143
5.9.4 插入 Fireworks 网页元素 …… 144
5.10 表单编辑 …… 144
5.10.1 表单的插入与编辑 …… 144
5.10.2 表单操作案例 …… 147
5.11 小 结 …… 151
习 题 …… 151

第 6 章 Fireworks 图像处理软件 …… 152

6.1 Fireworks 简介及其用户界面 …… 152
6.1.1 Fireworks 简介 …… 152
6.1.2 Fireworks 用户界面 …… 153
6.2 Fireworks 基础 …… 154
6.2.1 位图和矢量图 …… 154
6.2.2 处理位图 …… 155
6.2.3 个人吉祥物照片处理 …… 155
6.2.4 编辑路径与文本 …… 159
6.2.5 网站广告栏图像的制作 …… 159
6.3 网页交互元素的制作 …… 161
6.3.1 制作按钮和导航栏 …… 161
6.3.2 制作唐诗配图 …… 165
6.4 使用 Fireworks 创建动画 …… 168
6.5 网页图像优化与导出 …… 173
6.5.1 图像优化 …… 173
6.5.2 图像导出 …… 175
6.5.3 Dreamweaver 中使用 Fireworks 文档 …… 176
6.6 小 结 …… 177
习 题 …… 177

第7章 DIV+CSS 网页制作 …… 178

7.1 认识盒模型 …… 178
7.1.1 盒模型概述 …… 178
7.1.2 元素类型 …… 181

7.2 认识 DIV 标签 …… 183
7.2.1 插入 DIV 标签 …… 183
7.2.2 设置 DIV 属性 …… 184

7.3 利用 DIV+CSS 进行网页布局的简单实例 …… 191
7.3.1 网页布局框架实现 …… 191
7.3.2 "瓷文化"网页布局 …… 193

7.4 利用 DIV+CSS 布局网页 …… 201
7.4.1 网站建设规划 …… 201
7.4.2 前期制作准备 …… 203
7.4.3 案例效果分析 …… 207
7.4.4 网站发布 …… 223

7.5 小结 …… 227

习题 …… 228

参考文献 …… 229

第1章 网页设计基础知识

互联网已经深入到社会生活的各个领域,它通过网页的形式承载和传播信息,不断影响着人们的日常工作、学习和生活,因此,网页设计得到了迅速发展。网页是网站的基本构成元素,是互联网信息与资源传递的主要载体,是可以在互联网上传输、能被浏览器识别和显示出来的文件。

1.1 网络概述

1.1.1 Internet

Internet 是众多网络间的互联网,是一个分布在全球的成千上万台计算机相互连接到一起的全球性计算机网络的网络,即由计算机网络互相连接组成的一个大的网络。

1. Internet 的组成

Internet 由硬件系统和软件系统共同构成,硬件系统提供数据传输的物理基础,软件系统进行资源共享和数据传输的管理。硬件包括服务器、客户机和网络连接设备,软件包括网络操作系统和网络通信协议。

服务器:提供各种网络服务和共享资源的计算机。

客户机:通过网络环境获取资源的计算机。

网络通信协议:为网络数据交换而制定的关于信息顺序、信息格式和信息内容的规则、约定与标准。

TCP/IP:Internet 的网络协议标准,用以实现网络互联。

HTTP:超文本传输协议,面向 WWW 在 Internet 上的应用。

2. Internet 的主要功能

漫游信息世界(WWW):WWW(World Wide Web)的中文译名为万维网或环球网。WWW 的创建是为了解决 Internet 上的信息传递问题,在 WWW 创建之前,几乎所有的信息发布都是通过 E-mail、FTP 和 Telnet 等。但由于 Internet 上的信息散乱地分布在各处,因此除非知道所需信息的位置,否则无法对信息进行搜索。WWW 采用超文本和多媒体技术,将不同文件通过关键字建立链接,提供一种交叉式查询方式。在一个超文本的文件中,一个关键字链接着与另一个关键字有关的文件,该文件可以位于同一台主机上,也可以位于 Internet 的另一台主机上;同样,该文件也可以是另一个超文本文件。

收发电子邮件(E-mail):用于在 Internet 上发送和接收邮件,它为 Internet 用户之间提供了方便、快捷的通信手段。

搜索信息(Gopher)：Gopher 是 Internet 上一个非常有名的信息查找系统，它将 Internet 上的文件组织成某种索引，很方便地将用户从 Internet 的一处带到另一处。在 WWW 出现之前，Gopher 是 Internet 上最主要的信息检索工具，Gopher 站点也是最主要的站点。但在 WWW 出现以后，Gopher 失去了昔日的辉煌。

传输文件(FTP)：用于在计算机之间传输文件(包括下载(download)和上载(upload))。要想获取 FTP 服务器的资源，需要拥有该主机的 IP 地址(主机域名)、账号和密码。许多 FTP 服务器允许用户用 anonymous 账号登录，密码任意(一般为电子邮件地址)。

远程登录(Telnet)服务：用来将一台计算机连接到远程计算机上，使之相当于远程计算机的一个终端。

网上交流(BBS)：BBS 的全称是"电子公告板系统"(Bulletin Board System)，它是 Internet 上著名的信息服务系统之一，发展非常迅速，几乎遍及整个 Internet，由它提供的信息服务所涉及的主题相当广泛，如涉及科学研究和时事评论等各个方面，因此，世界各地的人们可以通过它开展讨论、交流思想和寻求帮助。BBS 站为用户开辟一块展示"公告"信息的公用存储空间作为"公告板"，这就像实际生活中的公告板一样，用户在这里可以围绕某一主题开展持续不断的讨论，可以把自己参加讨论的文字"张贴"在公告板上，或者从中读取其他人"张贴"的信息。电子公告板的好处是可以由用户来"订阅"，每条信息也能像电子邮件一样被复制和转发。

电子商务(E-business)：电子商务可提供网上交易和管理等与商务活动有关的全过程的服务。因此，它具有企业业务组织、信息发布与广告宣传、咨询洽谈、网上订购、网上支付、网上金融与电子账户、信息服务传递、意见征询、调查统计和交易管理等各项功能。

3. IP 地址与域名

为了保证网络上每台计算机的 IP 地址的唯一性，用户必须向特定机构申请注册，该机构根据用户单位的网络规模和近期发展计划，分配 IP 地址。网络中的地址方案分为两套：IP 地址系统和域名地址系统。这两套地址系统其实是一一对应的关系。IP 地址用二进制数来表示，每个 IP 地址长 32 位，由 4 段小于 256 的数字组成，数字之间用点间隔，例如 166.111.1.11 表示一个 IP 地址。由于 IP 地址是数字标识，使用时难以记忆和书写，因此在 IP 地址的基础上又发展出一种符号化的地址方案，用以代替数字型的 IP 地址，每一个符号化的地址都与特定的 IP 地址对应，这样，在访问网络上的资源时就容易多了。这个与网络上的数字型 IP 地址相对应的字符型符号化地址被称为域名。域名的层次结构是：

主机名.组织机构名.网络名(机构类别).最高层域

例如：主机 201.114.0.36 的域名地址是

www.cernet.edu.cn

域名有级别之分,从左往右依次递增,最右边是顶级域,每一级域名用"."隔开。例如:新浪网网址 http://www.sina.com.cn 中,sina.com.cn 为域名,其中 sina 是三级域名,com 是二级域名,cn 是国家顶级域名。InterNIC 采用两种方法对顶级域名进行分类:一种方法是按组织模式进行划分;另一种方法是按地理模式进行划分。

(1) 按组织模式划分域名

InterNIC 按组织模式划分域名的规则如表 1-1 所列。

表 1-1 按组织模式划分域名

域名类型	顶级域名
商业机构	com
教育机构	edu
政府机构	gov
国际组织	int
军事部门	mil
网络支持中心	net
非营利性组织	org

(2) 按地理模式划分域名

按照国家的不同分配不同的后缀,这些域名即为该国的国家顶级域名。有 200 多个国家和地区都按照 ISO 3166 国家代码分配了顶级域名,例如中国是 cn,美国是 us,日本是 jp 等。

IP 协议软件只能使用 32 位的 IP 地址,而不能直接使用域名。当用域名来访问远程计算机时,必须由 Internet 的 DNS 将域名翻译成对应的 32 位 IP 地址后,才能完成对远程计算机的访问。

4. 统一资源定位器(URL)

统一资源定位器又叫 URL(Uniform Resource Locator),是专为标识 Internet 网上资源位置而设的一种编址方式,平时大家所说的网页地址指的即是 URL,它一般由三部分组成,格式为:

传输协议://主机 IP 地址或域名地址/资源所在路径和文件名

例如,对于 URL 为 http://china-window.com/shanghai/news/wnw.html 的网页,其中 http 指超文本传输协议,china-window.com 是 Web 服务器域名地址,shanghai/news 是网页所在路径,wnw.html 才是相应的网页文件。

1.1.2 Web 的体系

WWW(World Wide Web)简称为 Web 或万维网。Web 是建立在客户机/服务器模型之上,以 HTML 语言和 HTTP 协议为基础,能够提供面向各种 Internet 服务的,并保持用户界面一致的信息浏览系统。客户端只要通过"浏览器"(Browser)就可以非常方便地访问 Internet 上的服务器端,从而迅速获得所需的信息。

那么,用户如何通过浏览器来访问 Web 服务器的网页呢? 可以通过在浏览器的地址栏中输入网址,即 URL 来实现。

1.1.3 认识网站与网页

网页的英文是 Web Page,它是 World Wide Web 服务的最主要的文件类型。网页是一种存储在 Web 服务器(网站服务器)上,通过 Web 进行传输,并被浏览器所解析和显示的文档类型,其内容用 HTML 语言编写。网站是网页的集合,是一个整体,其中包括一个首页和若干个网页。网站设计者先把整个网站结构规划好,然后再分别制作各个网页。

从网站的角度讲,网页是网站的基本信息单位,一个网站通常由多个网页组成,这些网页之间使用链接地址(anchor)相互链接在一起,构成一个完整的网站,用户能够通过单击链接地址转换到其他的页面。网站存储在 Web 服务器上。当用户访问一个网站时,该网站中首先被打开的页面称为首页或主页(Homepage)。主页是一种特殊的网页,它专指一个网站的首页。

网页是网站的基本文档,包含文本、图片、声音、动画、视频以及链接等元素,通过对这些元素的有机组合,即可构成包含各种信息的网页。其中,文本是网页中最常用的元素;图片可以给人以生动直观的视觉印象,适当运用图片可以美化网页;对链接的适当设计,可以进行选择性浏览,使网站更加人性化;声音、动画、视频等多媒体信息的加入,可以使网页更加丰富多彩。

1.2 网页的组成

1.2.1 网页的本质和功能组成

网页是人们上网时在浏览器中看到的一个个画面,网站则是一组相关网页的集合。一个小型网站可能只包含几个网页,而一个大型网站则可能包含成千上万个网页。在打开某个网站时,显示的第一个网页被称为网站的主页(或首页),可以说它是网站的门户,通过它不仅可以了解网站的性质和内容,还可以访问网站中的其他页面。

下面从网页制作的角度来了解网页的本质和网页的功能组成。

1. 网页的本质

图 1-1(a)显示了腾讯网的首页,由该画面可以看出,该网页主要由文字、图像和动画等元素组成。事实上,人们看到的网页包括了一组文件,分别是网页文件(扩展名为 .html、.asp 等)、图像文件(扩展名为 .jpg、.gif 等)和 Flash 动画文件(扩展名为 .swf)等。在浏览器中选择"文件"→"另存为"菜单项,将网页保存到磁盘中,便可

看到网页的组成文件,如图 1-1(b)、(c)所示。

(a) 腾讯网首页

(b) 保存首页

图 1-1 网页及其组成

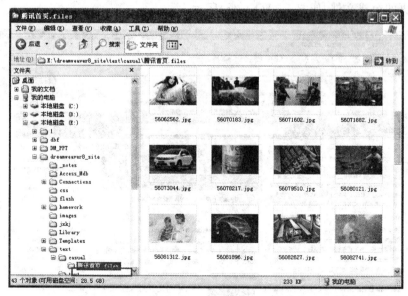

(c) 首页中的文件

图 1-1　网页及其组成(续)

2. 网页的功能组成

从浏览者的角度看,网页中无非就是一些文字、图像和动画等。但从专业的角度来讲,网页中的元素各有其不同的作用,可以将它们分为站标、导航条、广告条、标题栏和按钮等,如图 1-2 所示。

图 1-2　网页的功能组成

(1) 站　标

站标也叫Logo，是网站的标志，其作用是当人看到它就能够联想到该企业。因此，网站Logo通常采用企业的Logo。

Logo一般采用蕴含企业文化和特色的图案，或者使用与企业名称相关的字符或符号及其变形，当然也有很多是图文组合，如图1-3所示。

图1-3　网站Logo

在网页设计中，通常把Logo放在页面的左上角，大小没有严格要求；不过，考虑到网页显示空间的限制，要求Logo的尺寸不能太大。此外，Logo普遍没有过多的色彩和细腻的描绘。

(2) 导航条

导航条是链接到网站内主要页面的超链接组合，它可以引导浏览者轻松找到网站中的各个页面，导航条也由此得名。同时，导航条也是网站中所有重要内容的概括，可以让浏览者在最短时间内了解网站的主要内容。

设计导航条时应注意以下几点：

① 如果网站内容不多，可根据网站的风格尝试灵活摆放导航条，也可以使用图片或Flash动画等制作导航条，如图1-4所示。

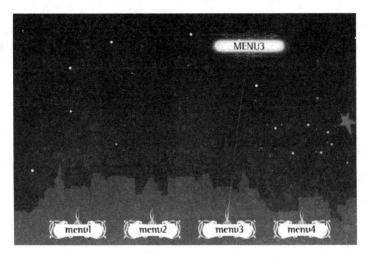

图1-4　灵活摆放的导航条

② 如果网站栏目很多，可以将导航条分多排放置于Logo的下方或右侧。为便于观看，可为各排设置不同的底色，如图1-5所示。

图1-5 多排导航条

（3）广告条

广告条又称Banner，其功能是宣传本网站或替其他企业做广告。Banner的尺寸可以根据版面需要来安排。

在Banner的制作过程中有以下几点需要注意：

① Banner可以是静态的，也可以是动态的。现在使用动态的居多，动态画面容易引起浏览者的注意。

② Banner的文件不易过大，尽量使用GIF格式的图片和动画或者Flash动画，因为这两种格式的文件小，载入时间短。

③ Banner中的文字不要太多，只要达到一定的提醒效果即可，通常是一两句企业的广告语。

④ Banner中图片的颜色不要太多，尤其是GIF格式的图片或动画。要避免出现颜色的渐变和光晕效果，因为GIF格式仅支持256种颜色，颜色的连续变换会看出明显的断层甚至光斑，影响效果。

（4）标题栏

此处的标题栏不是指整个网页的标题栏，而是网页内部各板块的标题栏，是各板块内容的概括。它使得网页内容的分类更清晰、明了，大大地方便了浏览者。

标题栏可以是文字加不同颜色的背景，也可以是图片，这要根据网站的内容和规模来决定。

（5）按　钮

在现实生活中，按钮通常是启动某些装置或机关的开关，同样，网页中的按钮也沿用了这个概念。网页中的按钮被单击后，网页会实现相应的操作，比如页面跳转或数据传输等，图1-6是比较常见的几个网页按钮。

图1-6 按　钮

3. 静态网页与动态网页

网页可分为两类：静态网页与动态网页。

静态网页：在客户端运行的网页被称为静态网页，它由标准的HTML代码组成。早期的网站一般都由静态网页组成，常见的文件类型有HTML、HTM、SHTML

和 XML 等。静态网页中也可以有动态元素,例如 GIF 动画或 Flash 动画等,但也仅仅只是视觉上的动态效果,而与网页的动态是不同的。

动态网页:在服务器端运行的网页和程序被称为动态网页。因为动态网页是以数据库技术为基础,根据所编写的程序访问数据库来动态生成页面的,因而网页的信息可以及时、动态地进行更改。动态网页常见的文件类型有 CGI、JSP、PHP、ASP 等。

下面从不同角度阐述静态网页与动态网页的区别:

① 要想制作静态网页,用户只需掌握常用的网页制作软件(如 Dreamweaver)即可;而要想创建动态网页,则除了须掌握常用的网页制作软件外,还须掌握诸如 ASP、PHP 等动态网页制作技术,以及 Microsoft SQL Server 或 Oracle 等数据库管理系统。

② 每一个静态网页都有一个固定的 URL,且网页文件名以 .htm、.html、.shtml 等为后缀;而动态网页则没有固定的 URL,且网页文件后缀名与网页所使用的制作技术对应,通常为 .asp、.jsp、.php 等。

③ 静态网页文件一经发布到服务器上,无论是否有用户访问,每个网页都是客观存在的,也就是说,静态网页是实实在在保存在服务器上的独立的文件;而动态网页并不是独立存在于服务器上的网页文件,只有当用户请求时服务器才返回一个完整的网页(需要从数据库中调用数据)。

④ 静态网页的内容相对稳定,因此容易被搜索引擎检索到;而动态网页反之,所以现在人们一般都将动态网页内容转化为静态网页内容来发布。

⑤ 静态网页在网站制作和维护方面的工作量较大;而动态网页由于有数据库的支持,所以在制作和维护方面要简单容易得多。因此当网站信息量很大,需要经常更新时,通常采用动态网页制作技术。

⑥ 静态网页的交互性较差,在功能方面有较大的限制;而动态网页可以实现交互功能,如各种论坛、留言板和聊天室等都属于动态网页。

温馨提示:这里需要指出的是,在静态网页上出现的各种动态效果,如 GIF 格式的动画、Flash 动画、滚动文字等,都只是视觉上的效果,与动态网页是完全不同的概念。

1.2.2 网页的基本构成要素

虽然网页种类繁多,形式内容各有不同,但网页的基本构成要素大体相同。网页设计就是要将构成要素有机整合,表达出美与和谐。

网页中的基本构成要素如下。

(1) 文 字

网页中的信息以文本为主。与图片相比,文字虽然不如图片那样能够很快引起浏览者的注意,但却能准确地表达信息的内容和含义。

(2) 图 片

用户在网页中使用的图片格式主要包括 GIF、JPEG 和 PNG 等，其中使用最广泛的是 GIF 和 JPEG 两种格式。

(3) 超链接

超链接在本质上属于网页的一部分，是一种允许用户同其他网页或站点之间进行链接的元素。超链接是指从一个网页指向一个目标的链接关系，这个目标可以是另一个网页，也可以是相同网页上的不同位置，还可以是一个图片、一个电子邮件地址、一个文件，甚至是一个应用程序。

(4) 动 画

为了更有效地吸引浏览者的注意力，许多网站的广告都做成了动画形式。网页中的动画主要有两种：GIF 动画和 Flash 动画。其中 GIF 动画只能有 256 种颜色，主要用于简单动画和图标。

(5) 音频和视频

声音是多媒体网页的一个重要组成部分。用于网络的声音文件的格式非常多，常用的有 MIDI、WAV、MP3 和 AIF 等。很多浏览器不需要插件也可以支持 MIDI、WAV 和 AIF 格式的文件，而 MP3 和 RM 格式的声音文件则需要专门的浏览器来播放。

(6) 其他常见元素

这包括悬停按钮、Java 和 ActiveX 等各种特效。它们不仅能点缀网页，使网页更活泼有趣，而且在网上娱乐、电子商务等方面也有着不可忽视的作用。

在网页中可以看到的内容有：主题、标题、普通文本、签名、水平线、内嵌图像、背景色或样式、动画、超链接、图像地图、列表和表单。

在网页中不能看到的内容有：鉴定、注释、JavaScript 代码、Java Applet、图像地图及表单的处理代码。

1.2.3 网页的浏览

1. Web 浏览器

浏览器是在客户端计算机上的应用软件，就像一个字处理程序一样。在屏幕上看到的网页是浏览器对 XHTML 文档所做的翻译。由于浏览器使用图形用户界面 (GUI)，因此用户在使用计算机时不必用键盘输入各种操作命令，而只需用鼠标选择即可，方便用户使用。

(1) Web 浏览器工作的方式

网页主要是以 XHTML 为基本格式的文档。在用浏览器浏览网页时，实际上就是从该网页所在的 Web 服务器上下载 XHTML 文件，然后在本地进行语法解释并显示在用户屏幕上。

Web 浏览器工作的方式为：首先，客户端浏览器使用 HTTP 协议向 Web 服务器发送请求以访问指定的文档或服务；接着，Web 服务器发回对请求的响应——用 XHTML 书写的文档；最后，浏览器阅读、解释其中所有的标记代码并以正确的格式显示出来。

（2）浏览器的功能

浏览器常用的功能有以下几种：

- 使用 URL 向服务器申请各种资源服务。
- 使用超链接从一个网页跳转到另一个网页。
- 查看以前浏览过的网页。
- 查找自己感兴趣的网页。
- 存储、打印网页。
- 收发 E-mail（电子邮件）。

（3）浏览器的缓存

因为网上的文档在下载时需要时间，故浏览器在硬盘上临时存储了图像及文件，以免重复下载相同的文件，这类文件称为临时文件。

2. 网页的浏览过程

浏览网页的过程如图 1-7 所示，就是在浏览器中输入某个网址（URL）来访问一个网页，通过网页上的超链接跳转到其他网页。

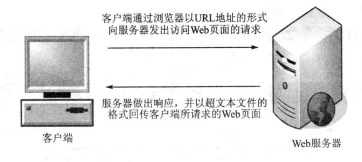

图 1-7 网页浏览过程

浏览网页的过程可大致总结如下：

① 输入地址；

② 浏览器查找域名的 IP 地址（这一步包含 DNS 具体的查找过程，包括：浏览器缓存→系统缓存→路由器缓存……）；

③ 浏览器向 Web 服务器发送一个 HTTP 请求；

④ 服务器的永久重定向响应（从 http://example.com 到 http://www.example.com）；

⑤ 浏览器跟踪重定向地址；

⑥ 服务器处理请求；

⑦ 服务器返回一个 HTTP 响应；

⑧ 浏览器显示 HTML 网页；

⑨ 浏览器发送请求获取嵌入在 HTML 网页中的资源（如图片、音频、视频、CSS、JS 等）；

⑩ 浏览器发送异步请求。

在这个过程的背后有复杂的网络技术支持，这些技术主要包括 WWW 服务、HTTP 协议、TCP/IP 协议和网页解析与显示技术。

3. 网页浏览工具 Internet Explorer

用于浏览网页的工具称为 Web 浏览器。目前流行的浏览器有：Internet Explorer（简称 IE），是微软 Windows 操作系统自带的浏览器，目前大部分人在安装了微软 Windows 操作系统后都还在使用这个浏览器，该浏览器比较稳定；Mozilla Firefox，是一个自由的、开放源码的浏览器，而且该浏览器除了适用于 Windows 外，还适用于 Linux 和 MacOS X 平台，它体积小、速度快，同时还有其他一些高级特征；Google Chrome，它的开发人员说这是给开发人员使用的好浏览器，其界面很简洁、很有特色。

目前，浏览网页的浏览器软件种类繁多，现仅以通用、流行的 Internet Explorer 来介绍通常借助浏览器可以实现的操作。

IE 的界面如图 1-8 所示。

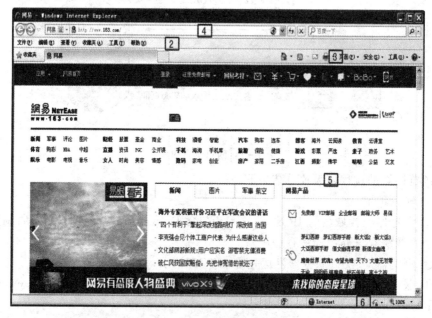

图 1-8　IE 的界面

(1) 标题栏

标题栏包括控制按钮、当前浏览网页的名称、最小化按钮、最大化/还原按钮以及关闭窗口按钮。通过对标题栏的操作,可以改变 IE 窗口的大小和位置。

(2) 菜单栏

菜单栏提供了完成 IE 所有功能的命令。通过打开下拉菜单,可以选择相应的操作。

(3) 工具栏

工具栏提供了常用命令的工具按钮。可以不用打开菜单,而是单击相应的工具按钮来快捷地执行命令。

(4) 地址栏

地址栏用于指出要访问的资源在网上的统一资源定位地址,即输入想要访问的网页的 URL。

(5) 浏览区

浏览区是窗口中最大面积的区域,用于显示当前访问的网页内容以便用户浏览。

(6) 状态栏

状态栏用于显示正在浏览的网页的下载状态、下载进度和区域属性等状态信息。

用 IE 浏览网页的基本方法是:

- 双击 IE 图标,启动 IE 浏览器。
- 在 IE 浏览器的地址栏中直接输入网址。
- 网页上的某些文字和图形可能含有超链接,当光标指向超链接时,光标指针会变成手指形状,当用户单击这些文字和图形时,可打开另一个网页。这样一级级浏览下去,即可漫游相关的 WWW 资源。
- 使用"后退""前进""主页"等按钮可实现返回前页、转入后页、返回主页等浏览功能。

4. 保存网页

保存网页的步骤是:

① 选择"文件"→"另存为"菜单项。

② 在弹出的"保存网页"对话框中输入文件名,单击"保存"按钮,如图 1-9 所示。

③ 选择"另存为"菜单项后只保存了 XHTML 文档,有些图像并没有下载。要想下载完整的页面,还需单独下载图片。

5. 保存网页图片

保存网页图片的步骤是:

① 将光标移到一幅图片上右击。

② 在弹出的快捷菜单中选择"图片另存为"菜单项,如图 1-10 所示。

图1-9 "保存网页"对话框

③ 在弹出的"保存图片"对话框中选择存储路径,并输入文件名称。

④ 单击"保存"按钮,把图片永久存储在本地计算机的一个文件夹中。

提示:有些网页为了保护其版权,限制用户使用"保存"功能。因此,对于此类网页中的文本和图片就不能保存。

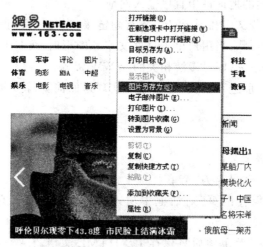

图1-10 保存网页图片

6. 保存网页的背景(操作类似于保存图片)

当浏览者遇到喜欢的背景时,可以将其保存下来,步骤是:将光标移到自己喜欢的背景处右击,从弹出的快捷菜单中选择"背景另存为"菜单项。

7. 查阅网页的源代码

在使用 IE 浏览网页时，可以查看页面的 HTML 源代码，从而学习别人设计网页的方法和技巧。

查阅网页源代码的方法是：选择"查看"→"源文件"菜单项后，即可查看 HTML 源程序，如图 1-11 所示。

图 1-11　查看 HTML 源程序

8. 将网页图片作为桌面墙纸

用光标右击网页上的图片，在弹出的快捷菜单中选择"设置为墙纸"菜单项。

9. 打印网页

通过选择"文件"→"打印"菜单项，或者通过选择右击网页弹出的快捷菜单中的"打印"菜单项即可打印网页，如图 1-12 所示。

图 1-12　打印网页

10. 将网页添加到收藏夹中

将网页添加到收藏夹中的步骤是：

① 选择"收藏夹"→"添加到收藏夹"菜单项，如图 1-13 所示。

② 输入名称，并单击"确定"按钮。

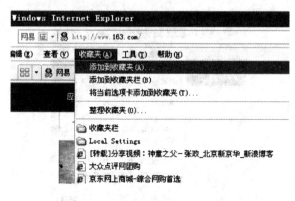

图 1-13　将网页添加到收藏夹中

1.3　常用的网页设计工具

熟练使用各种网页设计以及图像、动画处理制作软件，是一个网页设计师必须掌握的技能。

1.3.1　网页编辑工具

1. 文本编辑器

不仅在记事本中可以编写 HTML 代码，而且用任何文本编辑器都可以编写 HTML 代码，比如写字板、Word 等，但保存文件时必须保存为 .html 或 .htm 后缀名。

有些文本编辑器还专门提供了针对网页制作及程序设计等的许多有用的功能，如支持 HTML、CSS、PHP、ASP、Perl、C/C++、Java、JavaScript、VBScript 等多种语法的着色显示，这些文本编辑器有 EmEditor、EditPlus、UltraEdit。EmEditor 的工作界面如图 1-14 所示。

2. 网页设计软件 Dreamweaver

Dreamweaver 简称 DW，是美国 Macromedia 公司开发的集网页制作和网站管理于一体的网页编辑器，现被 Adobe 公司收购。它是网页设计与制作领域中用户最多、应用最广、功能最强的软件。Dreamweaver 用于网页的整体布局和设计，以及对网站进行创建和管理，是网页设计三剑客之一，利用它可以轻而易举地制作出充满动

第1章 网页设计基础知识

图1-14 EmEditor 工作界面

感的网页。图1-15是Dreamweaver CS6的工作界面。

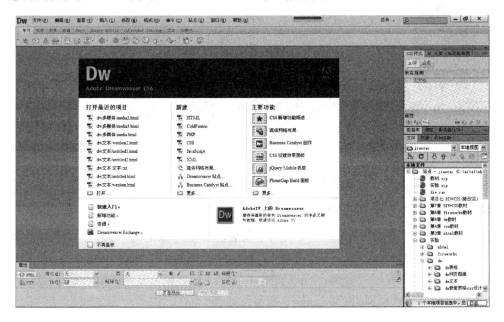

图1-15 Dreamweaver CS6 工作界面

1.3.2 素材处理工具

1. 图像处理软件 Fireworks

Fireworks 是 Adobe 公司推出的一款网页作图软件,该软件可以加速 Web 的设计与开发,是一款创建与优化 Web 图像和快速构建网站与 Web 界面原型的理想工具。Fireworks 不仅具备编辑矢量图形与位图图像的灵活性,还提供了一个预先构建资源的公用库，并可与 Adobe Photoshop、Adobe Illustrator、Adobe Dreamweaver 和 Adobe Flash 软件进行集成。在 Fireworks 中可以将设计迅速转变为模型，或者利用来自 Illustrator、Photoshop 和 Flash 的其他资源，直接将图形或图像置入 Dreamweaver 中轻松地进行开发与部署。

图 1-16 是 Fireworks CS6 的工作界面。

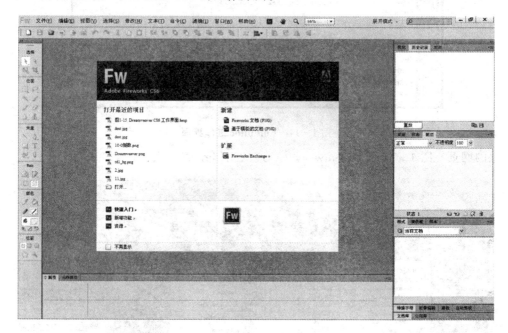

图 1-16　Fireworks CS6 工作界面

2. 图像处理软件 Photoshop

Photoshop 简称 PS，是 Adobe 公司最著名的专业图像处理软件，它凭借其强大的功能和广泛的使用范围，一直占据着图像处理软件的领先地位。Photoshop 在图像合成、图像处理和照片处理中可以实现非常完美的效果。使用 Photoshop 可以设计出网页的整体效果图、网页 Logo 和网页按钮等。

3. 动画制作软件 Flash

Flash 是由美国 Macromedia 公司推出的动画制作软件，现已成为交互式矢量图和 Web 动画的标准，现已被 Adobe 公司收购，成为网页设计三剑客之一。它是一款非常优秀的交互式矢量动画制作工具，能够制作包含矢量图、位图、动画、音频和视频的交互式动画等。为了引起浏览者的兴趣和注意，传递网站的动感和魅力，许多网站的介绍页面、广告条、按钮，甚至整个网站，都采用 Flash 制作。用 Flash 编制的网页文件既漂亮，又具有奇特的效果，同时比普通网页文件小得多，可加快浏览速度，是一款十分适合制作动态 Web 的工具。

1.4 小　　结

通过本章的学习,了解了网络的基本概念和知识,以及网页的功能组成和常用网页设计工具,对网络有了初步的认识,具体内容如下:
① 了解了 Internet、WWW、网站和网页的基本概念。
② 了解了网址和域名的分类。
③ 了解了网页的功能组成。
④ 学习了网页的基本构成和基本元素。
⑤ 了解了进行网页设计时除了需要页面设计的软件之外,还需要图像处理和浏览等相关软件。
⑥ 学习了进行网页设计的常用软件的基本知识。

习　　题

1. 域名的层次结构有哪些?
2. URL 由几部分组成?
3. 网站和网页的区别有哪些?
4. 静态网页与动态网页的区别有哪些?
5. 网页的基本构成元素有哪些?
6. 常用的网页设计软件有哪些?

第 2 章　网页开发方法和布局

2.1　网页开发的基本方法

2.1.1　网页开发的步骤

网页的内容是最为关键的,在确定了网页的主题和定位方向后,有针对性地收集相应的资料和素材,以充实和丰富主页的内容。网页开发的具体步骤是:

① 选定主题:选定网页的主题以及主要涉及的内容。

② 搜集资料:依据主题搜集相关的文字、图片、声音和动画素材,为下一步网页的制作奠定基础。

③ 构思阶段:按制定好的主题及方向设计网页的主要部分和要陈述的内容,在纸上画出草图。一般来说,构建好网页的关键是要对网页建立层次分明、条理清楚的结构图。

④ 总体设计:设计 Web 布局、导航及进行图形制作,并利用各种网页技术如 CSS、Java、Flash 等将它们与网页图形整合在一起。

⑤ 工具选择:选择网页制作工具,目前比较常用的是 Macromedia 公司的 Dreamweaver。在制作网页所需的图形和动画方面,可以使用 Photoshop、Fireworks 和 Flash。

⑥ 制作:利用网页制作工具,把搜集到的资料和素材按照预先的设计构思放置到适当的位置。

⑦ 修改:检查是否出现内容和格式上的错误,并征求多方面的意见,对网页进行修改,对不足之处加以改进。

⑧ 测试:在 Internet Explorer 中浏览已完成的网页,观赏最终效果,测试网页是否能按预期效果运行。

⑨ 上传:将网页上传至发布站点,供其他人浏览。

⑩ 维护:定期上网浏览自己的网页,查看反馈意见及建议,并定期更新网页。

2.1.2　网站文件命名

网站文件夹或文件的名称全部用小写英文字母、数字、下画线的组合,其中不得包含汉字、空格和特殊字符;目录名应以英文、拼音为主(不到万不得已不要以拼音作为目录名称,经验证明,用拼音命名的目录往往在一个月后连自己都看不懂)。尽量用一些大家都能看懂的英文词汇,使自己和工作组的每一个成员都能方便地理解每一个文件的意义。

例如:images(图形文件),flash(Flash 文件)等。

命名方式:将(性质_描述_位置_分类_数量)各分项相结合,采用简写、组合的方式形成通用规则。

例如:

news(性质)

news_title(性质_描述)

news_title_top(性质_描述_位置)

news_title_top_01(性质_描述_位置_数量)

news_title_top_a_01(性质_描述_位置_分类_数量)

news_title_top_b_01(性质_描述_位置_分类_数量)

常用文件夹名有:data(数据库),images(图片),install(安装),templates(模板),include(包含),admin(后台),rss(订阅),media(媒体),config(配置),Script(脚本),Language(语言),style(样式)等,如图 2-1 所示。

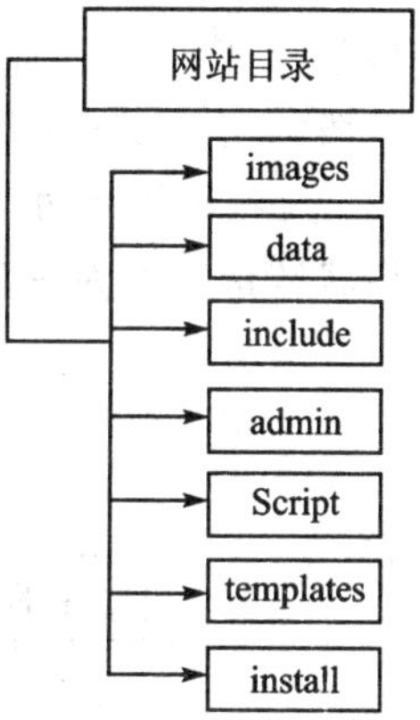

常用 CSS 名有:header(网页头),content/container(内容),body/main(页面主体),sidebar(侧栏),footer(网页尾)等。

- header:通常指网页居上的部分,一般包含网页 Logo、网页标题、网页导航条,甚至可以包含网页广告条。
- body/main:通常指网页居中的部分,也叫主体部分,包含了页面的文本、图片、动画、视频等需要重点表现的信息。
- footer:通常指网页居下的部分,主要包含版权信息、作者、联系方式、友情链接等辅助信息。

图 2-1 网站目录

2.1.3 网站页面结构

网站是相关文件信息的集合,这些文件必定要存放在具体的存储器中,并且通过网页的超链接得以互相跳转或形成一个完整的页面。

网站结构指网站中页面间的层次关系。网站结构设计包括三方面的内容:

① 网页页面信息的组织结构;

② 网站目录的组织结构;

③ 页面间相互链接的组织结构。

1. 网站页面信息的组织结构

网站页面的内容在组织上应该做到层次分明、清晰,易于信息浏览。常常采用顺序结构、层次结构、网状结构和复合结构来组织页面的内容。

2. 网站目录的组织结构

这是一个将网站所有信息文件存放在实际物理存储空间的组织结构形式。网站目录结构的好坏,对于网站本身的维护、站点内容未来的扩充和移植都有着重要的影响。下面是规划目录结构时应该遵循的几个原则:

① 按栏目内容分别建立子目录;
② 在每个主要目录下都建立独立的图像目录;
③ 目录的层次不要太深。

3. 页面间相互链接的组织结构

页面间相互链接的组织结构指页面之间相互链接的拓扑结构,它建立在目录组织结构基础之上,但可以跨越目录结构。

一般网站链接的组织结构有两种基本形式。

(1) 树状链接结构

树状链接结构为一对一的形式,如图 2-2 所示。

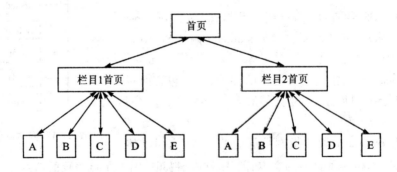

图 2-2 树状链接结构

(2) 星形链接结构

星形链接结构为一对多的形式,如图 2-3 所示。

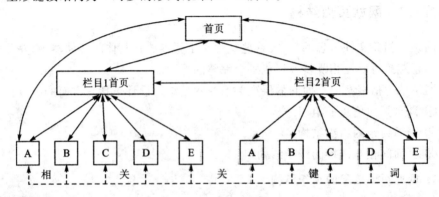

图 2-3 星形链接结构

2.2 网站规划和页面布局

2.2.1 网站主题与风格的确定

设计一个网站,首先要确定的就是网站的主题与风格,这是成功架构一个网站的保障,是网站自身形象的定位。

1. 网站的主题

网站的主题就是网站要传播的内容,也即要展示给用户的信息。建立网站的第一步是要明确建立网站的目的;网站的目的确定之后,就要把网站的内容分成不同的类,并确定相应的主题,只有主题确定之后才会有目的地寻找相关的资料,进而得到不同主题之间的结构图,以及每个主题的表现形式。

2. 网站的风格

风格指艺术作品在整体上呈现出的具有代表性的独特面貌。
在设计网站时可以注意以下几个方面:
- 将网站标志尽可能放在每个页面最突出的位置;
- 突出标准色彩;
- 使用标准字体;
- 使用统一的图片处理效果。

2.2.2 网页的重心平衡

网站的页面如同杂志的页面,优秀的网站不仅仅具有好的内容,同时也具备一套完整的结构、巧妙出奇的页面布局,以及时尚的气息。

页面的重心平衡即页面重心,反映了网页上各种元素分布的协调程度。任何一张图片或一段文字,在网页上都占据一定空间,当把它插到空白网页之后,就会明显改变整个网页的重心。

在页面重心平衡的设计上,应将重点放在左右重心的平衡上,而对页面上下重心平衡的要求并不多。左右重心的平衡设计常采用对称布局和非对称布局两种方法。对称布局是在一个页面的左右相应位置上放置大小相同的元素(如图片、动画或文字)。对称布局易保持页面的重心平衡,但非常死板,易使页面失去活力。非对称布局是把不同的元素放置到一个页面的不同位置,通过恰当的布局使页面重心达到平衡。非对称布局页面的特点是容易设计出活泼、生动、时尚的页面。

在网页设计中,有一个专业术语叫做视觉重心,指在用户进入网站时,第一眼看到的并不是网站整体,而是某一个突出的元素,该元素能给用户第一视觉冲击力。一般,影响视觉重心的元素有:

① 对比元素：一般有图片对比、文字对比、颜色对比等，不同的对比有着不同的用户体验，而对比度高的元素更能引起用户的注意。使用对比元素可以增强页面的层次结构，提高页面可视性。

② 大元素：占页面面积越大的元素，用户视线停留的速度越快，停留时间也越长，所以，如果想让用户第一眼就看到某一个元素，不妨放大该元素，或者也可以以小元素来烘托目标元素的"大"。

③ 复杂元素：相对于简单的元素，复杂的元素更能吸引用户的眼球，让用户忍不住去关注、思考它的组成及含义。可以通过在图形中加入一些纹理、几何或重复图案，来使图形变得复杂起来。

④ 密度高元素：在物理学中，密度高的物体比密度低的物体具有更高的视觉重心，这个道理同样适用于网页设计中，因此，切忌将想重点突出的某个版块分散成几个小版块，那样只会分散用户的视觉重心。

⑤ 深色元素：通常情况下，在浅蓝与深蓝、白与黑、灰与暗黑的两者之间，用户会更多地关注深色，因此，可以将重要的版块区域设计成深暗色系。

视觉重心可以影响网站的层级架构及平衡和谐，因此，可以在网页的关键位置上使用重心元素，引导用户视线，提高网站的设计效果。

网页的重心平衡除了考虑元素在网页布局上的作用外，色彩在网页上同样发挥着相当大的作用，它也会改变页面的重心，两者结合起来相互配合可以达到平衡重心的效果。

2.2.3 网页中的色彩运用

1. 网页色彩

在网页中，经常用到的色彩模式为 RGB 模式，即红（R）绿（G）蓝（B）三种颜色。通过这三种颜色可以实现几乎人类视觉所能感知的所有颜色。

RGB 模式为图像中每一个像素的 RGB 分量分配一个 0~255 范围内的强度值。在网页的 HTML 语言中，RGB 颜色用十六进制表示，例如，纯红色表示为 FF0000，纯绿色表示为 00FF00，纯蓝色表示为 0000FF，黑色表示为 000000，白色表示为 FFFFFF。图 2-4 为颜色面板。

2. 色彩的视觉效果

不同的颜色，能给人带来不同的心理感受，影响人的情绪。因而，一个好的网站，色彩的搭配也是十分重要的。以下是一些常见色彩的心理感受：

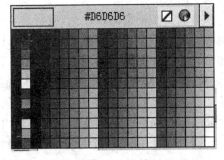

图 2-4 颜色面板

- 红色:代表热情、奔放、生命。红色给人以冲动、愤怒、热情、活力的感觉。当它变为粉红色时,又会表现出温柔、顺从的特点和女性的特质。
- 绿色:代表新鲜、希望、和平、青春,是生命力量和自然力量的象征。
- 蓝色:代表永恒、理智、公正、权威、科技等。
- 白色:代表纯洁、朴素、神圣等。
- 黄色:象征高贵、智慧,是文明与进步的象征。黄色是明度最高的色彩。
- 黑色:代表神秘、寂静、悲哀和压抑等。
- 灰色:给人以中庸、平凡、温和、中立的感觉,配合其他颜色时可以表达时尚、科技等形象。灰色是一种使用率非常高的颜色。

3. 色彩配色技巧

一个网站的整体色彩效果取决于主色调的确定,以及前景色与背景色的关系。网站是倾向于冷色还是暖色,或者是倾向于明朗鲜艳还是素雅质朴,这些色彩倾向所形成的不同色调即决定了网站色彩的整体效果。网站色彩的整体效果取决于网站的主题需要以及设计者对色彩的喜好,并以此为依据来决定色彩的选择与搭配。

(1)同种色彩搭配

同种色彩搭配指首先选定一种色彩,然后调整透明度或饱和度,将色彩变淡或加深,产生新的色彩。这样的页面看起来色彩统一,有层次感。

(2)邻近色彩搭配

邻近色指色环上与已给定颜色邻近的任何一种颜色,如绿色和蓝色、红色和黄色就互为邻近色。采用邻近色可以使网页避免色彩杂乱,易于达到页面的和谐统一。

(3)对比色彩搭配

利用色彩冷暖在视觉上的反差,可形成极强的色彩对比,给人以视觉上的冲击,例如黑白、红黑等。

2.2.4 网页版式设计

网页版式设计指将网页中需要展现的各种元素按照主题的需要进行有机组合和必要的关联设计,说得更通俗一些,就是指网页中元素的排列布局方式。一个好的网站仅仅凭借内容是很难从互联网中脱颖而出的,要想吸引浏览者,提高网页的吸引力,版式设计的好坏是至关重要的。好的版式设计不仅能增强页面的视觉效果,更有利于重要信息的展示。

网页版面是从浏览器查看到的完整页面,显示器的分辨率决定了显示页面的尺寸。由于不同浏览者所拥有的显示器分辨率不同,所以在设计网页时要考虑到浏览器的实际情况。

1. 布局设计基本概念

(1) 页面尺寸

网页页面尺寸受限于两个因素,一个是显示器大小及分辨率;另一个是用户使用的浏览器软件。由于页面尺寸与显示器大小及分辨率有关,网页的显示界面无法突破显示器的范围,同时,浏览器也将占去一定的显示器尺寸,因此页面范围相对于显示器的分辨率来说要小。

网页设计的标准尺寸一般是把分辨率的列宽值减去22像素后,再留出页面右边滚动条的位置。在1024像素×768像素下,网页宽度保持在1002像素以内,如果满框显示,则高度在612～615像素之间时不会出现水平滚动条和垂直滚动条。在1440像素×900像素下,网页宽度保持在1418像素以内,此时一般不会出现垂直滚动条。若内容较多,则通常网页宽度保持合适的范围,而高度由页面内容决定。

目前还有许多宽屏像素的显示器出现,但无论分辨率是多少,为了能将网页信息较好地展示出来,网页的宽度设置应当与显示器分辨率相当,并尽量保持网页始终居中。

(2) 页　眉

通常用于放置页面标题和网站标识图案(Logo)等信息。

(3) 页　脚

这是页面的底端部分,通常用来显示站点所属公司(社团)的名称、地址、版权信息和电子信箱的超链接等。

(4) 主体内容

这是页面设计的主体元素,一般是二级链接内容的标题、内容提要,或者是内容的部分摘录。表现手法一般是文字与图像相结合。

(5) 整体造型

造型就是创造出来的物体形象。这里指页面的整体形象,这种形象应该是一个整体,图形与文本的结合应该层叠有序。页面是矩形的,但对于页面中的元素,可以充分运用自然界中各种几何形状以及它们的组合(如矩形、圆形、三角形、菱形等)构造出不同的网站形象来。

不同的形状所代表的意义是不同的。比如,矩形代表正式、规则,圆形代表柔和、团结、温暖、安全等,三角形代表力量、权威、牢固、侵略,菱形代表平衡、协调、公平。

2. 常见布局结构

网页版式根据页面内容及设计效果的需求,常用的版面布局有:"国"字形、拐角形、标题正文型、封面型、Flash型和变化型等。而根据排版结构又可以大致分为上中下结构、左中右结构,或者是更加复杂的复合型结构。

(1) "国"字形

"国"字形也称为"同"字形,是一些大型网站喜欢的类型,即最上面是网站的标题和横幅广告条,接下来是网站的主要内容,左右分列两小条内容,中间是主要部分,与左右一起罗列到底,最下面是网站的基本信息、联系方式、版权声明等。这种结构是网上见到的最多的一种类型,如图2-5所示。

图2-5 "国"字形网页

(2) 拐角形

这种结构与"图"字形其实只是形式上的区别,结构很相近,最上面是标题及广告横幅,接下来的左侧是一窄列链接等,右侧是很宽的正文,最下面也是一些网站的辅助信息。图2-6为典型的拐角形网页,在这种类型中,常将页面设置为最上面是标题及广告,左侧是导航链接。

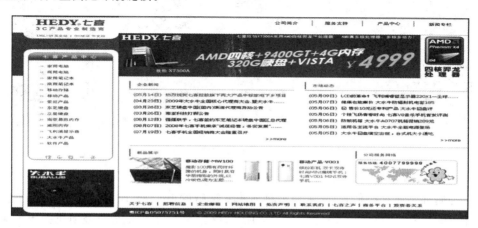

图2-6 拐角形网页

(3) 标题正文型

这种类型为最上面是标题或类似的一些东西,下面是正文。图 2-7 就是常规的标题正文型网页,常用于显示新闻、公告、通知等信息。

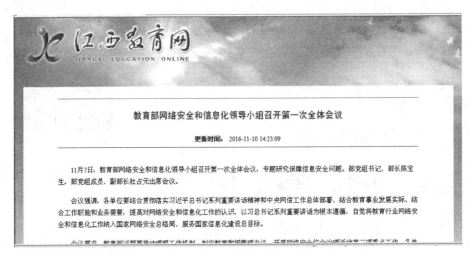

图 2-7　标题正文型网页

(4) 封面型

这种类型基本上出现在网站的首页,大部分是一些精美的平面设计结合一些小的动画,再放上几个简单的链接,或者仅是一个"进入"的链接,甚至直接在首页的图片上做链接而没有任何提示,易给人带来赏心悦目的感觉,如图 2-8 所示。

图 2-8　封面型网页

(5) Flash 型

与封面型结构类似,只是采用了目前非常流行的 Flash。而与封面型不同的是,由于 Flash 强大的功能,其页面所表达的信息更加丰富,其视觉效果及听觉效果如果处理得当,绝不亚于传统的多媒体,如图 2-9 所示。

图 2-9 Flash 型网页

(6) 变化型

这是前面几种类型的结合与变化,比如网页在视觉上很接近拐角形,但所实现的功能实质上是上、左、右结构的综合框架型。综合框架型是左、右框架型(左、右各为一页的框架结构)与上、下框架型(上、下各为一页的框架结构)两种结构的结合,是相对复杂的一种框架结构,较为常见的是类似于"拐角形"的结构。

2.3 网站服务器架构

浏览网页离不开浏览器,而发布网页则离不开 Web 服务器。Web 客户端由 TCP/IP 协议加 Web 浏览器组成,Web 服务器由 HTTP 协议(超文本传输协议)加后台数据库组成。要想在 Internet 上发布一个网页,就必须通过 Web 服务器来实现。任何一台连接到 Internet 的计算机都可以作为 Web 服务器,只要在它上面安装并运行了 Web 服务器程序即可。

2.3.1 Web 服务器

Web 服务器实质上是一台响应浏览器请求并返回浏览器相应数据的计算机。对于不同类型的操作系统,所使用的 Web 服务器程序也不同。目前在 Windows 操作系统上,主要使用 IIS 和 Apache 服务器程序。

1. IIS

IIS 是 Internet Information Services 的缩写,是微软公司提供的服务器程序。IIS 提供了一套集成的服务,用于支持 HTTP、FTP 和 SMTP 等。它使得在 Intranet

（企业内部网）或 Internet（因特网）上发布信息成为一件很容易的事。不过它只能安装在 Windows 操作系统上，其他操作系统不能使用。

2. Apache

Apache 取自"a patchy server"的读音，意思是充满补丁的服务器。因为它是开放型软件，所以不断有人为它开发新的功能，增加新的特性，以及修改原来的缺陷。Apache 的特点是简单、速度快、性能稳定，并可用做代理服务器。

Apache 可以运行在几乎所有广泛使用的计算机平台上，因其跨平台和安全性较高而被广泛使用，是 Web 服务器软件之一。它可以安装在 Uuix、Linux 等操作系统中，尤其对 Linux 的支持相当完美。

2.3.2　IIS 的安装与配置

Internet Information Services（IIS，互联网信息服务）是由微软公司提供的、基于运行 Microsoft Windows 的互联网基本服务。若操作系统中还未安装 IIS 服务，则可按以下步骤进行安装和配置（以 Windows 8 安装 IIS 和添加网站为例）。

1. IIS 的安装

打开"开始"菜单，选择"控制面板"菜单项，弹出"控制面板"窗口，如图 2 - 10 所示。

图 2 - 10　"控制面板"窗口

双击"程序",弹出如图 2-11 所示对话框,按图中所示选中打钩的项目。

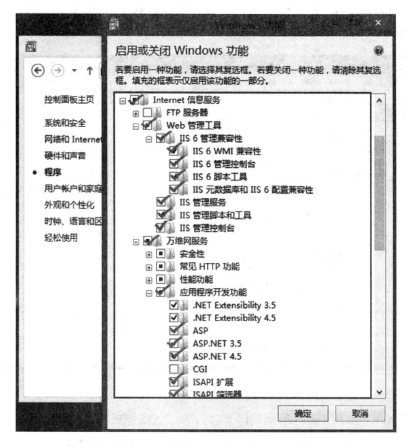

图 2-11 "启动或关闭 Windows 功能"设置

单击"确认"按钮,经过一段时间的配置后进入如图 2-12 所示界面,显示"Windows 已完成请求的更改"。单击"关闭"按钮,IIS 服务器安装初步完成。

图 2-12 "Windows 已完成请求的更改"界面

为了检验服务器能否正常工作,选择"开始"→"控制面板"菜单项,弹出"控制面板"窗口,选择"管理工具"→"Internet 信息服务(IIS)管理器",弹出"Internet 信息服务(IIS)管理器"窗口。在左侧窗格中,扩展目录树至 Default Web Site 并右击,选择"管理网站"→"浏览"快捷菜单项,如图 2-13 所示。

图 2-13　网站"浏览"

如果显示了如图 2-14 所示的网页,则说明 IIS 安装成功。

图 2-14　IIS 安装成功图

2. IIS 添加网站

IIS 安装完毕后,在"C:\控制面板\系统和安全\管理工具"目录中可以找到

Internet Information Services（IIS）管理器，双击它打开后即可用它新建自己的网站和 FTP 服务。在"Internet 信息服务（IIS）管理器"窗口的左侧窗格的目录树上右击"网站"，选择"添加网站"快捷菜单项，如图 2-15 所示。

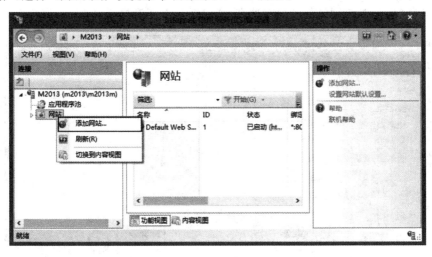

图 2-15　"添加网站"快捷菜单项

在弹出的"添加网站"对话框中输入网站名称（例如 www），然后单击"物理路径"文本框后面的"..."按钮，找到用户网站的目录，单击"确定"按钮，如图 2-16 所示。

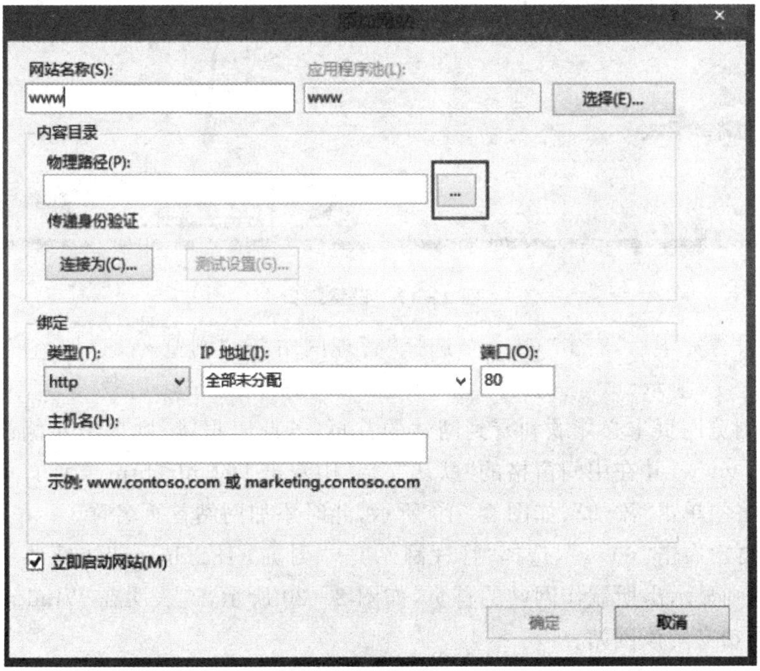

图 2-16　设置用户网站的目录

然后设置端口,将原来的 80 端口直接改为 81 端口,单击"确定"按钮,如图 2-17 所示。

提示:80 端口已绑定给 Default Web Site 网站使用,但因为刚安装完的 IIS 的默认端口是 80,这与该网站的端口有冲突,所以需要重新设置端口。

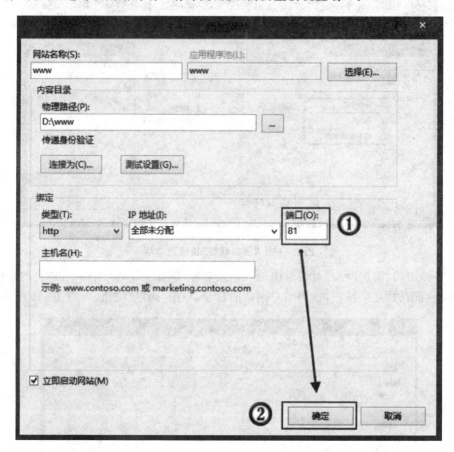

图 2-17 设置端口

端口设置完毕后,右击"www",选择"管理网站"→"浏览 *:81(http)"快捷菜单项,如图 2-18 所示。

此时浏览网页未必能顺利看到网站的首页,若此时报错,则单击左侧窗格中"网站"下面的 www,并在中间窗格的"默认文档"中双击 Default.htm 文件打开它,然后在右侧窗格中单击"添加",如图 2-19 所示,此时添加网站首页名称。

下面再次右击"www",选择"管理网站"→"浏览 *:81(http)"快捷菜单项,再次浏览网页,则显示出所制作网站的首页,如图 2-20 所示,这表明在 Windows 8 下的 IIS 已经成功安装该网站。

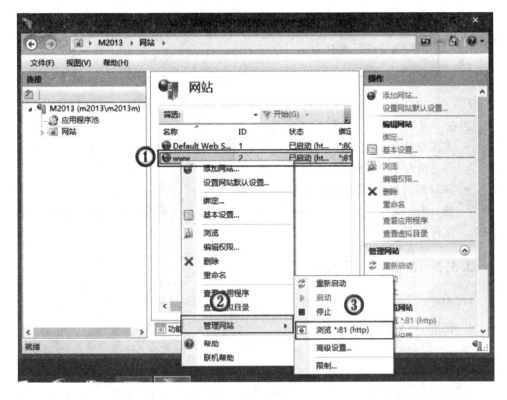

图 2-18　选择浏览端口的功能

图 2-19　添加网站首页名称

图 2-20　IIS 下网站首页的示意图

注意：
- 如果新添加的网站提示 80 端口冲突，则把 80 端口改为其他端口，或者把全部未分配的 IP 地址设为指定的 IP 地址。
- 如果新添加的网站出错，如显示 HTTP 403.14，则需在图 2-19 中查看用户的 index 文件名之后是什么后缀，然后在图 2-19 的默认文档中添加该 index 文件名。

2.3.3　备份和恢复 IIS 设置

IIS 自带了备份和恢复 IIS 设置的功能，在恢复 IIS 设置之前需要备份 IIS。

1. 备份 IIS 设置

备份的过程很简单，包括以下步骤：在"控制面板"中单击"管理工具"，在弹出的窗口中双击"Internet 信息服务（IIS）管理器"，右击服务器名称，选择"备份/还原配置"快捷菜单项，在弹出的对话框中单击"创建备份"按钮，弹出用于输入 IIS 配置备份名称的对话框，输入"IIS 备份 1"，单击"确定"按钮，IIS 的备份就完成了。

注意：在备份 IIS 之前，需要对 Web 站点、FTP 站点和 SMTP 站点完成设置，因为系统只针对当前的配置进行备份。

2. 恢复 IIS 设置

要想恢复 IIS 配置，同样先打开"Internet 服务管理器"，右击服务器名称，选择"备份/还原配置"快捷菜单项，弹出相应的对话框。此时，备份（如"IIS 备份 1"）会出现在列表框中，且处于选中状态。单击"还原"按钮，系统弹出询问对话框，提示用户"还原是一项耗时的操作，它将覆盖所有当前的设置并导致全部服务的停止和重新启动，您确定要继续吗？"如果当前没人正在使用这些服务，则可以进行还原操作，单击"是"按钮进行 IIS 配置的还原；如果当前有人正在使用这些服务，则最好不要进行还原操作，以免用户丢失数据。

此外，虽然系统可以保存多个备份文件，但是每个备份文件在还原之后，都会覆盖以前的配置，所以要注意保证还原配置操作的准确性。

2.3.4　发布网站

网站建设完毕后，还需将网站发布到已连接了 Internet 的 Web 服务器上，之后，网站才能被浏览者访问。建立一个网站的一般流程如下：

① 申请一个域名(可在一个域名代理商处申请域名)。
② 租一台网站需要的空间服务器(也可以用自己的 Web 服务器)。
③ 将域名与空间服务器绑定。
④ 把网站文件上传到空间服务器。
⑤ 安装、调试和访问网站。

如果网站想在中国长期开放,则要到 www.miibeian.gov.cn(ICP/IP 地址/域名信息备案管理系统)上进行域名备案,备案时需要提供网站放置的空间 IP 和空间接入商的名称。

2.4 小　　结

通过本章的学习,了解了网站开发的基本方法,掌握了网站的规划,具体内容如下：

① 了解了网站开发的基本方法。
② 认识了网站设计的相关细节,如文件命名规则、页面结构等。
③ 了解了网站设计主题与风格的确定。
④ 认识了网站设计的重心平衡、色彩和与布局相关的细节等。
⑤ 了解了网站服务器的架构,认识了 IIS 的安装与配置,以及发布网站的流程。

习　　题

1. 网页开发的步骤有哪些?
2. 网站文件通常是如何命名的?
3. 网站结构设计包括哪三个方面的内容?
4. 一般建立网站链接的组织结构有几种基本方式?
5. 影响视觉重心的元素有哪些?
6. 常见布局结构有哪些?
7. 分析一个门户网站(网易网)、一个院校网站(武汉大学网)、一个企业网站(蓝思科技网)的结构和元素构成。

第 3 章　XHTML 基础知识

若想把信息通过因特网以 Web 的方式发布到全球，就必须使用一种能够对接入因特网的设备进行识别和解释的语言。目前在 Web 上使用的发布语言是 XHTML 语言(Extensible Hyper Text Markup Language，可扩展超文本标签语言)。

XHTML 是一种结构化的标准建站语言，是在 HTML 4.0 的基础上，用 XML 的规则对其进行扩展得到的语言。简单地说就是，XHTML 是一种更加严格、更加规范、更加符合建站标准的 HTML 语言。因此，要想理解 XHTML，就必须首先对 HTML 和 XML 有一个初步的认识。

3.1　HTML、XML、XHTML 概述

3.1.1　HTML 概述

HTML 是超文本标签语言(Hyper Text Markup Language)的缩写，是一种专门用于网页文档设计的标签语言。从 1990 年开始，HTML 就被用做 WWW 信息的表示语言。“超文本”就是指页面内可以包含图片、链接，甚至音乐、程序等非文字元素。超文标签语言的结构包括“头”(Head)部分、和“主体”(Body)部分，其中“头”部分提供关于网页的信息，“主体”部分提供网页的具体内容。

1991 年 8 月，蒂姆・伯纳斯-李(Tim Berners-Lee)发布了第一个基于文本的、只包含几个链接的网站，如图 3-1 所示。

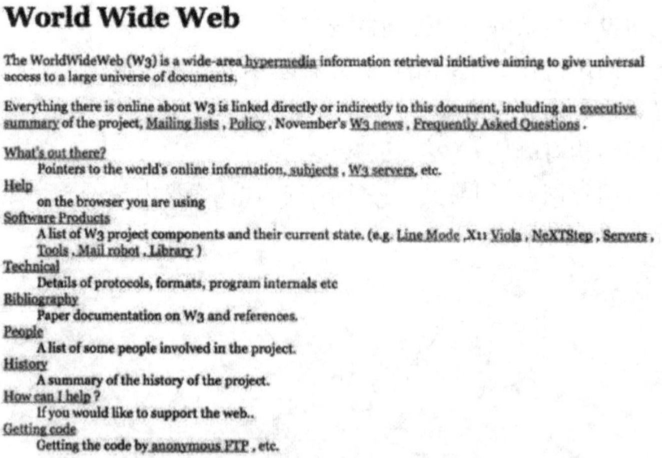

World Wide Web

The WorldWideWeb (W3) is a wide-area hypermedia information retrieval initiative aiming to give universal access to a large universe of documents.

Everything there is online about W3 is linked directly or indirectly to this document, including an executive summary of the project, Mailing lists , Policy , November's W3 news , Frequently Asked Questions .

What's out there?
　Pointers to the world's online information, subjects , W3 servers, etc.
Help
　on the browser you are using
Software Products
　A list of W3 project components and their current state. (e.g. Line Mode ,X11 Viola , NeXTStep , Servers , Tools , Mail robot , Library)
Technical
　Details of protocols, formats, program internals etc
Bibliography
　Paper documentation on W3 and references.
People
　A list of some people involved in the project.
History
　A summary of the history of the project.
How can I help ?
　If you would like to support the web..
Getting code
　Getting the code by anonymous FTP , etc.

图 3-1　第一个网页

1994年,万维网联盟(W3C)成立,HTML正式成为网页设计的标签语言,从此网页进入了一个新的发展时期,表格和GIF占位图片被大量运用于网页中。

近几年,随着Web浏览器的不断升级,对CSS的支持得到了加强和扩展,Web标准逐步被业界认同和支持,其典型的应用模式就是"CSS+DIV"。

既然HTML是一种标签语言,那么它就是纯文本的格式,因此,HTML网页文件可以使用记事本、写字板或Dreamweaver等编辑工具来编写,并以.htm或.html为后缀名进行保存。当要对外发布一个网页时,可将HTML网页文件先用浏览器打开显示,在测试没有问题后再放到服务器(Server)上对外发布。

在网页文件中创建的任何一个可视化的元素,都能找到一个HTML标签与之对应。例如,当在一个网页文件中插入一张图片时,就会自动生成一个标签<img>,这便是HTML标签,通常也称标签为标记,如图3-2所示。

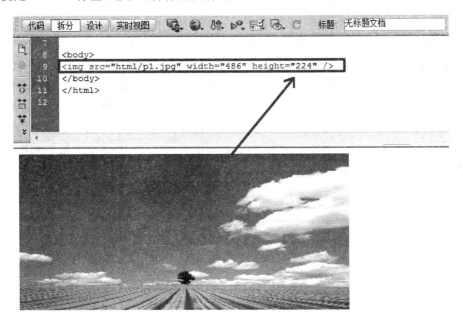

图3-2　HTML标签

3.1.2　XML概述

XML是可扩展标签语言(The Extensible Markup Language)的简写,是一种能定义其他语言的语言。XML最初设计的目的是弥补HTML的不足,以强大的扩展性满足网络信息发布的需要,后来逐渐用于网络数据的转换和描述。

XML的知识可以用一整本书来描述,但这已经脱离了本书的原意,因而,这里不对XML做过多的讲解,只需简单地认为XML实际上是一种比HTML更加严格、功能更加强大、语法更加规范的语言。如图3-3所示便是一段自定义的XML文档片段。

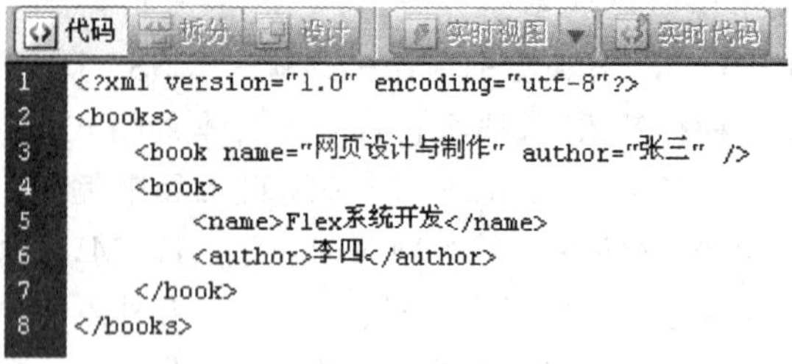

```
1  <?xml version="1.0" encoding="utf-8"?>
2  <books>
3      <book name="网页设计与制作" author="张三" />
4      <book>
5          <name>Flex系统开发</name>
6          <author>李四</author>
7      </book>
8  </books>
```

图3-3 XML文档片段

3.1.3 XHTML 概述

在初步认识了 HTML 与 XML 之后,就会提出一个问题:HTML 和 XML 究竟与 XHTML 之间是怎样一种关系?这从前面的概念并不难理解。

传统的网站或者说早期的网站,在前台展现方面是失败的,毫无层次感;同时,前台工作人员直接将服务器脚本与 HTML 几乎毫无规律地混合起来。HTML 构建的结构不易于维护,且由于是早期的描述性语言,因而在功能上也十分欠缺。随着技术的进步,网站的构建已经逐步走向标准化,直至最后利用 XML 来实现数据和结构的描述。但是,早期的网站数量庞大,且从 HTML 到 XML 过渡具有一定难度,在这样的背景下,XHTML 出现了。所以,XHTML 也是 XML 的过渡语言。

3.1.4 XHTML 基本语法

XHTML 是一种更加严格的 HTML,因而在语法上与 HTML 有很多相似之处。

XHTML 的语法主要由标签符(Tag)和属性(Attribute)组成。所有标签符都由一对尖括号"<"和">"包含。

1. 一般标签

一般标签由一个起始标签和一个结束标签组成,其语法格式为:

<x>作用内容</x>

其中,"x"代表标签名称,<x>为起始标签,</x>为结束标签,结束标签前应该包含一个斜杠。例如,要实现斜体字,可以使用

斜体字内容

每一个标签都有其对应的作用。

在标签中可以附加一些属性,用于实现一些特殊的功能和效果。属性一般写在起始标签中,大多数起始标签都可以包含属性,但不是必需的,也可以什么都不写

而使用默认值。一个起始标签可以使用多个属性，属性间用空格分隔，属性值要加双引号，其语法形式如下：

<x a1="m1" a2="m2" … an="mn">作用内容</x>

2. 空标签

大部分标签都应该成对出现，但也有一些标签，起始与结束只用一个标签完成，这些单独存在的标签称为空标签。其语法形式如下：

<x a1="m1" a2="m2" … an="mn"/>

常见的空标签有换行标签
、水平线标签<hr/>、图像标签<img/>等。

注意：在书写和使用 XHTML 标签时，务必注意以下几点规定：

① 所有标签和标签属性都必须小写，但属性值可以大写。

因为 XHTML 文档是 XML 文档的一种，故对大小写十分敏感，例如
和
就是 2 种不同的标签，对标签属性也是同样的要求，例如：

错误的写法：

<IMG WIDTH="1000"/>

正确的写法：

<img width="1000"/>

② 标签名与左尖括号之间不能有空格，如< _body>就是错误的。

③ 属性一定要定义在开始标签中，且属性之间一定要用空格隔开，不能连在一起写。

错误的写法：

<img width="1000" height="1000"/>

正确的写法：

<img width="1000" height="1000"/>

④ 标签之间不允许交叉嵌套排列，但可以包含和并列，例如：

错误的写法：

<tr><td>在 XHTML 中不能交叉</tr></td>

正确的写法：

<tr><td>在 XHTML 中不能交叉</td></tr>

或者

<tr></tr><td>在 XHTML 中不能交叉</td>

⑤ 所有标签都必须关闭，空标签也需要关闭，如
就是不规范的写法，应该写为
。

3.2 页面的基本构成元素

3.2.1 网页的基本构成

1. 文档的基本结构

图 3-4 是一个基本的页面组成部分说明。一个 XHTML 文档主要由头部（head）和正文（body text）两部分组成。头部和正文这两部分由一对＜html＞…＜/html＞标签包含起来，形成一个网页，如图 3-4 所示。

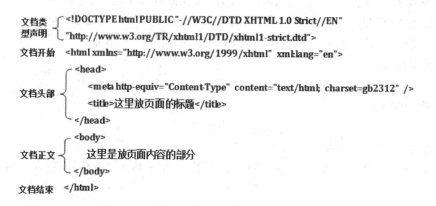

图 3-4 XHTML 文档的基本结构

2. 认识文档声明

利用 Dreamweaver 新建一个 HTML 空白文档，切换到"代码"视图，可以发现页面中默认存在一些 XHTML 标签，而默认的第一行代码便是文档声明 DOCTYPE，其余的 XHTML 标签表示一个标准的空白网页文档的基本结构，如图 3-5 所示。

图 3-5 文档声明 DOCTYPE

当用 Dreamweaver 新建一个 HTML 格式文档时，查看源代码时会发现，在代码最上部往往有如下一句话：

```
<!DOCTYPE html PUBLIC "-//W3C//DTD XHTML 1.0 Transitional//
    EN" "http://www.w3.org/TR/xhtml1/DTD/xhtml1-transitional.dtd">
```
这句话表明本文档是过渡类型。其他的类型还有框架类型和严格类型,目前一般都采用过渡类型,因为浏览器对 XHTML 的解析比较宽松,允许使用 HTML 4.01 中的标签,但必须符合 XHTML 的语法。在制作页面时,建议大家一定要保留这句话,否则删除它后可能引起某些样式表失效或其他意想不到的问题(在本书涉及的实例中,有一部分代码开头省略了此段)。

如图 3-5 所示,文档声明标签<!DOCTYPE>位于文档中的最前面,处于<html>标签之前。此标签告知浏览器本文档使用哪种 HTML 或 XHTML 规范。从声明的内容可以看出,声明大致由 3 部分组成:

① 表示文档声明的标签,由"!"和"DOCTYPE"单词组成。

② 声明文档的根元素是 html,它在被定义为"-//W3C//DTD XHTML 1.0 Transitional//EN"的公共标识符的 DTD 中进行了定义,浏览器会明白如何寻找、匹配此公共标识符的 DTD。

③ 如果在②中找不到 DTD,则浏览器将使用②后面的 URL 作为寻找 DTD 的位置。

注意:

① 要想建立符合 Web 标准的网页,DOCTYPE 声明是必不可少的关键组成部分,除非 XHTML 确定了一个正确的 DOCTYPE,否则那些纯粹用来控制表现的标签和 CSS(层叠样式表)都不会生效。

② DOCTYPE 声明并不属于 XHTML 文档的一部分,也不是一个元素,所以没有结束标签。

③ 正确的文档声明可以帮助规范 XHTML 标签的使用,以避免页面出现不必要的错误。

3. 文档类型

在文档声明中,DTD 是一套关于标记符的语法规则,它是 XML 1.0 版规则的一部分,是 HTML 文件的验证机制,属于 HTML 文件的一个组成部分。

文档类型 DTD 是一种保证 HTML 文档格式正确的有效方法,可以通过将 HTML 文档与 DTD 文件进行比较来判断文档是否符合规范,元素和标签使用是否正确。一个 DTD 文档包含:元素的定义规则,元素间关系的定义规则,元素可使用的属性,可使用的实体或符号规则。

XHTML 规定了 Strict、Transitional 和 Frameset 三种文档类型,分别表示严格类型、过渡类型和基于框架的类型。这些类型可以在创建 HTML 文档时进行选择:

- 严格类型(Strict):在保证 XHTML 标签规范的前提下,不允许在标签中使用属性,所有的表现必须由 CSS 层叠样式表来实现。
- 过渡类型(Transitional):这种类型通常是创建 HTML 文档的默认类型。它相对宽松,允许在 CSS 层叠样式表不起作用时使用标签属性来代替。
- 框架类型(Frameset):此类型通常用于框架网页的定义。

3.2.2 认识主体结构

HTML 文档的主体结构由<html>、<head>和<body>3 个标签组成。从图 3-5 不难看出,除了文档声明部分外,剩下的内容分成了 3 部分。

1. 网页文档标签

网页文档标签表示 HTML 文件的起始和终止,包含整个文档的内容。其语法形式如下:

<html>…</html>

<html>标签默认包含一个属性 xmlns 来声明一个命名空间,用于收集元素类型和属性名字的详细的 DTD。命名空间声明允许通过一个 URL 绝对地址来识别该命名空间,如图 3-6 所示。

图 3-6 命名空间

2. 网页头部标签

网页头部标签表示网页的头部信息。该部分主要包含与浏览器相关的信息,例如,网页标题、META 信息、CSS 样式定义。其语法形式如下:

<head>…</head>

<head>标签没有很多常用的属性,但却可以包含很多常用的标签,主要包含的标签有:

- <title>…</title>:网页标题标签,在此标签中定义的内容可在浏览器标题栏中看见。
- <meta>:此标签不包含任何内容,它提供有关页面的元信息(meta-information),比如,提供 HTML 网页的字符编码、作者、自动刷新等多种信息。meta 标签的一个很重要的功能就是设置关键字,以帮助你的主页被各大搜索引擎登录,提高网站的访问量。

<head>标签的具体使用形式如图 3-7 所示。

3. 网页主体标签

网页主体标签表示网页的主体部分,它包括网页几乎所有的可视化元素及一些用于控制这些元素的标签。其语法形式如下:

<body>…</body>

```
<head>
<meta http-equiv="Content-Type" content="text/html; charset=utf-8" />
<meta name="description" content="网页设计与制作教程" />
<meta name="keywords" content="HTML,css,div" />
<meta name="author" content="郑伟" />
<title>My First Web</title>
</head>
```

图 3-7 头部标签＜head＞

＜body＞标签常用的属性有：
- bgcolor：用于设置 HTML 网页的背景颜色，例如，＜body bgcolor="♯F00"＞表示将背景设置为红色。
- background：用于设置 HTML 网页的背景图片，例如，＜body background="p1.jpg"＞表示将图片 p1.jpg 设置为 HTML 网页的背景。
- text：用于设置整个网页的文本颜色，例如，＜body text="♯0F0"＞将网页里的所有文本设置为红色。
- topmargin、leftmargin、rightmargin、bottommargin：网页边距，用于设置网页主体与浏览器四周的距离，例如，＜body topmargin="0"＞设置页面顶部的边距为 0，此时页面紧贴顶部。

在网页中使用的所有媒体标签都包含在＜body＞…＜/body＞标签内。例如，若在网页中写一行文本，并插入一张图片，则所有对应的标签都会自动生成在＜body＞…＜/body＞内，如图 3-8 所示。

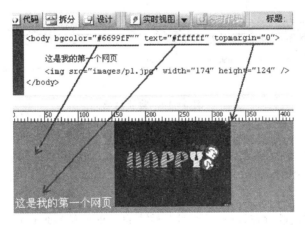

图 3-8 主体标签＜body＞

3.2.3 文档校验

尽管有 DTD 文档对 XHTML 标签做了规范，但在网站制作过程中仍会不可避免地出现书写上的错误，因而，为了保证页面的完整性与标准性，需要对页面进行校

验,主要有以下两种方法:

1. 本地标记验证

这种方法可以在本地对文档中标签的书写格式进行验证,不符合标准的标签便会在"验证"面板中提示错误。例如,对于图 3-8 所示的代码,现将<img>标签从小写改为大写<IMG>,将</body>标签删除,如图 3-9 所示。

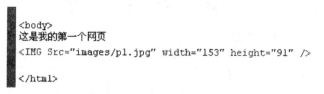

图 3-9 修改后的代码

很明显,按照 XHTML 的基本语法,这里出现了问题,但是随着内容的增多和不停的修改,很难找到问题所在,此时,单击"验证标记"按钮,对整个文档进行验证,便会在"验证"面板中提示问题所在,如图 3-10 所示。

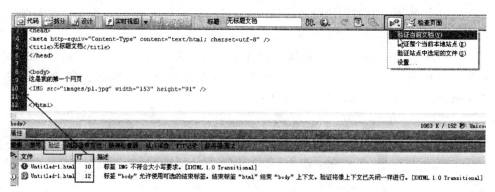

图 3-10 验证标记

2. 在线校验

符合 Web 标准的网站首先一点是其网页能够通过 W3C 的代码校验。W3C 提供了一个帮助使用者校验自己网站各个方面语法的程序,校验网址为 http://validator.w3.org/。

提供 2 种方式进行在线校验:一种是输入自己的网站地址进行校验,另一种是上传自己的网页文件进行校验,如图 3-11 所示。

如果验证成功,则会显示如图 3-12 所示的结果。

如果校验失败,则会显示更多的校验选项和错误信息。

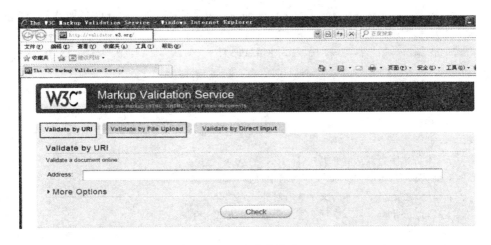

图 3-11　在线校验

图 3-12　校验成功

3.3　文本的标签

3.3.1　区段格式标签

此类标签的主要作用是将 HTML 文档中的某个段落文本以特定的格式显示，增强文件的可读性。主要包含以下标签。

1. 段落标签 \<p\>…\</p\>

默认情况下，网页浏览器将以无格式方式显示 HTML 文档中的文本。若将文本划分段落，就必须使用段落标签\<p\>，包含在此标签中的文本才具备段落格式与属性。标签格式为

…

其中：♯可以是 left（左对齐）、center（居中对齐）、right（右对齐）、justify（两端对齐）。

每当使用一个\<p\>标签，其后的内容将另起一行。可以通过对齐属性 align 来设置一个段落相对于页面的水平对齐方式。默认的 align 属性按左对齐方式显示段落。

例 1：段落标签\<p\>中属性 align 的使用

```
<!DOCTYPE html PUBLIC "-//W3C//DTD XHTML 1.0 Transitional//EN" "http://www.w3.org/TR/xhtml1/DTD/xhtml1-transitional.dtd">
<html xmlns="http://www.w3.org/1999/xhtml">
<head>
<meta http-equiv="Content-Type" content="text/html; charset=gb2312"/>
<title>段落标记中的属性align使用</title>
</head>
<body>
<p>本行文字为默认对齐方式(即left)</p>
<p align="center">本行文字为居中对齐方式</p>
<p align="right">本行文字为右对齐方式</p>
<p align="justify">本行文字为两端对齐方式</p>
</body>
</html>
```

代码在浏览器上的显示结果如图3-13所示。

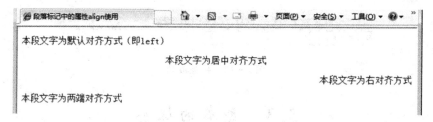

图3-13 使用属性align的显示结果图

2. 分行和禁行标签

(1) 分行标签

分行标签的作用是强迫后面的文字换行显示。在XHTML中,有一些标签隐含带有换行的作用,如段落标签<p>、标题标签<h>、画线标签<hr/>等,但这些换行都会先插入一个空白行,然后才换行。而分行标签
不加空白行,仅仅完成换行,从而使行与行之间没有空行出现。

(2) 禁行标签<nobr>…</nobr>

在该标签中的内容不会随浏览器窗口宽度大小的变化而换行,此时浏览器窗口底部出现水平滚动条,浏览者可通过左右移动该滚动条来查看网页内容。

例2:分行和禁行标签实例代码

```
<html>
<head>
<title>文字的换行效果</title>
</head>
<body>
```

下面是一段描写白龙池风景的文字：

在建岱桥北的溪谷内是著名的白龙池。
相传此处是东海龙王的小儿子小白龙在此潜居镇山治水。
这里上有百丈崖悬流下掷，似玉龙腾飞，顺着峡谷穿山越涧泻入池内。
</body>
</html>

运行这段代码，可以看到使用分行标签的效果，如图3-14所示。

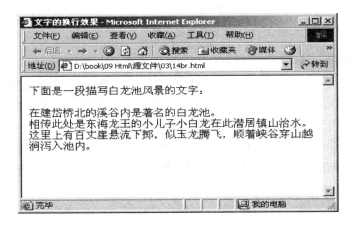

图3-14 使用分行标签的显示结果图

3. 预格式化标签<pre>…</pre>

此标签的作用是按原始代码的排列方式显示内容。通常情况下，浏览器会忽略内容中的空白及换行，而在<pre>标签中的空白及换行则都会保留下来。

例3：预格式化标签实例代码

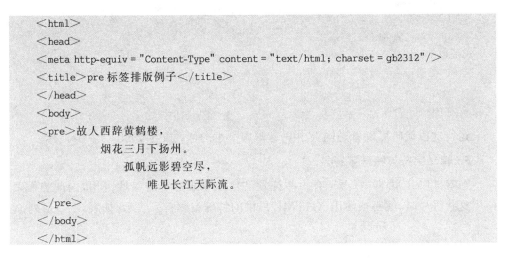

运行这段代码，可以看到使用预格式化标签的效果，如图3-15所示。

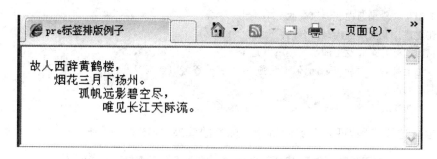

图3-15 使用预格式化标签的显示结果图

4. 标题标签 <h*n*>…</h*n*>

<h*n*>标签用于设置网页中各个层次的标题文字,被设置的文字将以黑体显示,并自成段落。<h*n*>共分6层,*n*只能取1~6的正整数,h1表示最大的标题,h6表示最小的标题。其语法格式举例如下:

    <h3 align="center">这里是文章标题</h3>

其中:align属性用于设置标题的对齐方式,其值为left(默认)、center、right。

例4:标题标签实例代码

```
<!-- 这是关于标题文字的实例 -->
<html>
<head>
<title>标题文字的效果</title>
</head>
<body>
<h1>1级标题的效果</h1>
<h2>2级标题的效果</h2>
<h3>3级标题的效果</h3>
<h4>4级标题的效果</h4>
<h5>5级标题的效果</h5>
<h6>6级标题的效果</h6>
</body>
</html>
```

运行这段代码可以看到网页中6种不同大小的标题文字,如图3-16所示。

5. 转义字符与特殊字符

在XHTML语言中,由于有一些符号已被标签或标签的属性占用,因此当需要使用这些符号时,就必须使用XHTML提供的特殊编码符来表示,如表3-1所列。

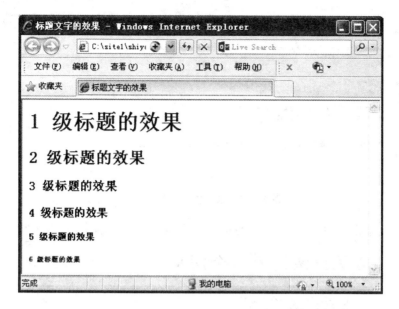

图 3-16 标题文字的效果

表 3-1 常用特殊字符与 XHTML 编码表示方法对照表

特殊字符	XHTML 编码表示方法	特殊字符	XHTML 编码表示方法
<	&lt;	"	&quot;
>	&gt;	©	&copy;
&	&amp;	®	&reg;
空格符			

6. 地址标签 ＜address＞…＜/address＞

此标签主要用于标注联络人姓名、电话、地址等信息,用该标签标注的文本默认为斜体。但这并不意味着只有此标签才能实现联络人信息的标注,从语义上说,地址标签更适合对联系方式等信息的标注。其语法格式举例如下:

＜address＞江西省赣州经济技术开发区师院南路 341000＜/address＞

7. 块引用标签＜blockquote＞…＜/blockquote＞

此标签主要用于创建一个区域,来引用大段超长的文本。使用此标签包含的文本具有一定的段落格式,左右两边有缩进。其语法格式举例如下:

＜blockquote＞这里将会引用一段文章……这里是一大堆文章＜/blockquote＞

区段格式标签的综合应用实例代码如图 3-17 所示,效果如图 3-18 所示。

```
1  <!DOCTYPE html PUBLIC "-//W3C//DTD XHTML 1.0 Transitional//EN" "http://www.w3.org/TR/xhtml1/DTD/xhtml1-transitional.dtd">
2  <html xmlns="http://www.w3.org/1999/xhtml">
3  <head>
4  <meta http-equiv="Content-Type" content="text/html; charset=utf-8" />
5  <title>My First Web</title>
6  </head>
7  <body>
8  <h1>这是我做的第一个网页</h1>
9  <hr width="100%" size="1" color="#FF0000" />
10 <blockquote>
11     <p>这是我做的第一个网页啊<br />这是我做的第一个网页啊</p>
12     <p>这是我做的第一个网页啊<br />这是我做的第一个网页啊</p>
13 </blockquote>
14 <address>
15     <pre>用户服务信箱    南昌市青云谱区迎宾大道气象路58号  江西信息应用职业技术学院</pre>
16 </address>
17 </body>
18 </html>
```

图 3-17　区段格式标签的使用

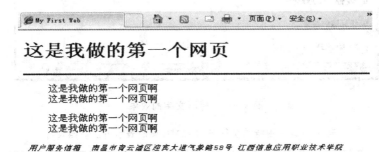

图 3-18　区段格式标签的应用效果

3.3.2　字符格式标签

字符格式标签用来改变 HTML 文档文字的外观，增强文本的可读性，主要包含以下标签。

1. 文字样式标签

这并不是一个标签，而是一组专门用于设置特殊文字样式的标签。

- …：加粗字标签，此标签中的文本会产生加粗效果。
- <i>…</i>：斜体字标签，此标签中的文本会产生斜体效果。
- <u>…</u>：下画线标签，此标签中的文本会加下画线。
- <big>…</big>：大号文字标签，此标签中的文本显示时会加大。
- <small>…<small>：小号文字标签，此标签中的文本显示时会缩小。
- …：粗体标签，用于特别强调，显示粗体字。
- […]：上标文字标签，此标签中的文本以上标字显示。
- _…：下标文字标签，此标签中的文本以下标字显示。

文字样式标签的综合应用实例代码如图 3-19 所示，效果如图 3-20 所示。

```
<pre>
<b>这是一行加粗的文本</b>
<i>这是一行斜体文本</i>
<u>这是一行加了下画线的文本</u>
<small>这是一行缩小的文本</small>
<strong>这是一行粗体文本</strong>
<big>x</big><sub>2</sub>+<big>y</big><sub>2</sub>=1
</pre>
```

图 3-19　文字样式标签的使用　　　图 3-20　文字样式标签的应用效果

2. 文字格式标签＜font＞…＜/font＞

此标签主要用于设置网页中特定文字的颜色、大小和字体。其语法格式举例如下：

＜font face="黑体" size="4" color="#FF0000"＞这是一行字号 24、字体黑体的红色文字＜/font＞

其中：

face 属性：设置文本字体，可以设置多个字体，用逗号隔开，如 face="黑体,宋体,华文行楷"。

size 属性：设置文本的字号，取值范围为 1～7 之间的整数，或者 -6～+6 之间的整数，不取 0 值。

color 属性：设置文本的显示颜色，如 color="blue"设置显示文本为蓝色。其格式为：color="#"，其中#取值为#rrggbb（十六进制数码）。

文字格式标签的应用实例如图 3-21 所示。

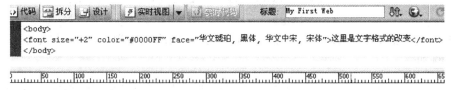

图 3-21　文字格式标签的使用及其显示结果

注意：＜font＞是 W3C 非推荐的元素，建议不要使用，如果要改变文本格式，则尽量使用 CSS 样式来代替。例如＜style="font-family:'宋体';font-size:24px;color:#f00"＞用来设置文本的字体、大小和颜色。

3．文字移动标签＜marquee＞…＜/marquee＞

文字移动就是让文字在页面平面的位置上做上下左右的移动，从而出现动态的效果。

（1）标签格式

标签格式如下：

＜marquee direction="♯1"＞…＜/marquee＞

或 ＜marquee behavior="♯2"＞…＜/marquee＞

其中：♯1 可取 left、right、up 和 down。left 值使文字从右向左绕圈移，right 值使文字从左向右绕圈移，up 值使文字从下往上移，down 值使文字从上往下移；♯2 可取 scroll、slide 或 alternate。scroll 值使文字绕圈移动，slide 值使文字从右移动到左边，alternate 值使文字来回移动。

例如：

```
<marquee direction = "left">文字从右向左绕圈移！</marquee>
<marquee direction = "right">文字从左向右绕圈移！</marquee>
<marquee behavior = "scroll">文字一圈一圈绕着走！</marquee>
<marquee behavior = "slide">文字只走一次！</marquee>
<marquee behavior = "alternate">文字来回走！</marquee>
```

（2）文字移动区域的底色设置

在＜marquee＞标签中，使用 bgcolor="♯"属性来设置文字移动区域的底色，其中，♯可用♯rrggbb（十六进制数码）的方法设置颜色，或者用 XHTML 预定义的色彩值。

例如：

```
<marquee  bgcolor = "#000080">文字移动！</marquee>
```

（3）文字移动面积的设置

面积属性有两个，一个是高 height，另一个是宽 width。属性格式为：

height="♯" width="♯"

其中，♯的取值是像素（px）或百分比（%）等，百分比表示相对占浏览器窗口的百分比。

例如：

```
<marquee height = "80px" width = "50%" bgcolor = "#aaeeaa">文字移动！</marquee>
```

（4）文字移动速度和时间的设置

1）移动速度

可以在文字移动标签中增加 scrollamount="♯"属性，用于设置文字移动的速度，即每个连续滚动文本后面的间隔。其中，♯为数值，单位为像素，其值越大，速度越快。

例如：

```
<marquee direction = "up" behavior = "alternate" scrollamount = "1px" height = "160px" width = "500px">文字移动！</marquee>
```

2) 延 时

可以在文字移动标签中增加 scrolldelay="♯"属性,用于设定两次滚动操作之间的间隔时间。其中,♯为时间,以毫秒为单位,其值越大,延时越多。

例如:

```
<marquee scrolldelay="1000" scrollamount="20px" direction="right">文字走一走,停一停</marquee>
```

3.3.3 列表标签

列表标签属于块级元素,在 Web 标准建站中使用得非常频繁,主要用于重复表现具有相同格式的一类对象,如文本、段落等,因而列表也通常被拿来制作导航、新闻发布和友情链接等。主要包含以下列表标签:

1. 无序列表标签<ul>…</ul>

<ul>称为无序列表标签或项目列表标签,列表中每一项的前面都会加上一些符号,默认的有三种:●、○或■。当然也可以使用其他符号,甚至是图片来代替,这需要利用 CSS 层叠样式表来定义,在后续章节中会讲到。单独使用<ul>没有意义,仅仅只定义一个区域,它需要配合标签<li>来使用,以表示列表中的每一项。其语法格式举例如下。

例 5:无序列表标签实例代码

```
<html>
<head>
<title>不同的项目符号</title>
</head>
<body>
<font size=5 color="♯990000">出售的图书种类:</font>
<br><br>
<ul>
<li type=disc>计算机类书籍
<li type=circle>休闲杂志类书籍
<li type=square>社会科学类书籍
</ul>
</body>
</html>
```

运行这段代码,效果如图 3-22 所示。

代码中属性 type 的意义是:

- disc:在列表项前面加上符号●。
- circle:在列表项前面加上符号○。
- square:在列表项前面加上符号■。

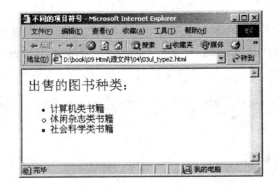

图 3-22 无序列表标签使用的效果

2. 有序列表标签＜ol＞…＜/ol＞

＜ol＞称为有序列表标签或编号列表标签,用来在页面中显示编号形式的列表,列表中每一项的前面会加上如 A、a、1、I 或 i 等形式的有序编号,编号会根据列表项的增加或减少进行自动调整。与＜ul＞标签一样,＜ol＞也只定义一个区域,因此一定要结合＜li＞标签来使用。其语法格式举例如下:

```
<ol type="A" start="2">
<li>有序列表第一项</li>
<li>有序列表第二项</li>
<li>有序列表第三项</li>
</ol>
```

其中:

type 属性:用于设置列表编号的形式,可取的属性值有 1(阿拉伯数字)、a(小写英文字母)、A(大写英文字母)、i(小写罗马字母)、I(大写罗马字母)。

start 属性:用于设置编号的起始值,取整数,默认值为 1,如 start="2"表示列表编号从 2 开始。

3. 列表项标签＜li＞…＜/li＞

＜li＞用来表示列表中的某一项,需要与标签＜ul＞或＜ol＞一起使用。可以通过属性 type 单独为某一项设置项目符号。

4. 其他列表标签

以上三种是在实际应用中用得比较多的标签,另外还有一些列表标签用得不多,如:

- ＜dl＞…＜/dl＞:定义式列表。
- ＜dd＞…＜/dd＞:定义项目。
- ＜dt＞…＜/dt＞:定义项目。

列表标签的应用实例如图 3-23 所示,效果如图 3-24 所示。

```
<ul>
    <li type="circle">无序列表第一项</li>
    <li type="disc">无序列表第二项</li>
    <li type="square">无序列表第三项</li>
</ul>
<ol type="a" start="3">
    <li>有序列表第一项</li>
    <li>有序列表第二项</li>
    <li>有序列表第三项</li>
</ol>
```

○ 无序列表第一项
● 无序列表第二项
■ 无序列表第三项

c. 有序列表第一项
d. 有序列表第二项
e. 有序列表第三项

图 3-23 列表标签的使用　　　　图 3-24 列表标签的应用效果

3.4 页面风格

1. 水平线标签

标签格式：<hr/>

标签功能：此标签为一个空标签,可以在文档中画出一条水平直线。

例如：

`<hr width="80%" align="left" size="2" color="#FF0000"/>`

属性说明：

- width：设置水平线的宽度,单位为像素或%,如 width="100"。
- align：设置水平线的对齐方式,取值 left、center、right。
- size：设置水平线的粗细,取整数值,单位为像素。
- color：设置水平线的颜色,默认为黑色。

2. 文档分节标签

标签格式：<div>…</div>

标签功能：将多个元素作为一节,从而可以对该节中的多个元素统一设置一致的格式。

例如：用<div>标签统一设置标题、水平线和段落的对齐属性。

例 6：文档分节标签实例代码

```
<html>
    <head><title>分节标签的使用</title></head>
    <body>
        <div align="center">
            <h2>登鹳雀楼</h2>
            <h5>(唐朝—王之涣)</h5>
```

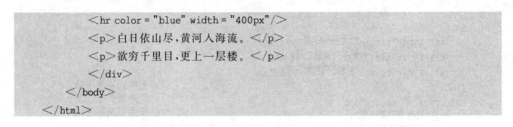
```
            <hr color = "blue" width = "400px"/>
            <p>白日依山尽,黄河入海流。</p>
            <p>欲穷千里目,更上一层楼。</p>
        </div>
    </body>
</html>
```

文档分节标签的应用实例效果如图3-25所示。

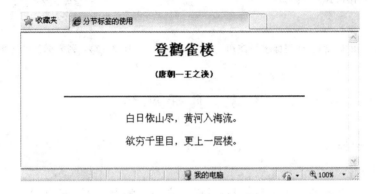

图3-25　文档分节标签的应用实例效果图

3. 局部元素标签

标签格式：＜span＞…＜/span＞

标签功能：为文本中的一个字或一个词定义特殊的格式。

例如：

＜p＞功能:为文本中的＜span style = "color:red"＞字或词＜/span＞定义特殊的格式。＜/p＞

4. 背景和文本颜色的使用

(1) 颜色背景

标签格式：＜body bgcolor＝"♯rrggbb"＞

注意：颜色背景虽然比较简单,但也有很多地方需要注意,例如,要根据不同的页面内容设计背景颜色的冷暖状态,要根据页面的编排设计背景颜色与页面内容的最佳视觉进行搭配,等等。

(2) 图片背景

标签格式：＜body background＝"图片的URL"＞

其中:"图片的URL"表示背景图片的URL地址。

例如：

＜body background = "tu5.jpg"＞

(3) 复合背景

允许对一个页面同时设置"图片背景"和"颜色背景",二者能够同时正常地显示出来,这就是复合背景设置。但是设置的"图片背景"会在"颜色背景"的上面显示,因而当所选的图片背景的格式不是透明的,则颜色背景会被图片背景完全遮盖。

(4) 设置文本和超链接的颜色

设置文本和超链接的颜色可以通过在<body>标签中设置 text=♯、link=♯、vlink=♯和 alink=♯属性的值来实现。其中各属性的含义如下:

- text:正文的颜色。
- link:未被访问的超链接颜色。
- vlink:已被访问的超链接颜色。
- alink:活动的超链接颜色。

例如:

```
<body bgcolor = "silver" text = "blue" link = "aqua" vlink = "red" alink = "gray">
```

3.5 超链接

超链接指对从页面中的一个对象(节点)链接到另一个目标对象的关系的建立。其目标对象可以是另一个页面,或者本页面的不同位置,还可以是图片、音乐、视频、应用程序等文件。而页面中用来设置超链接的对象可以是文本、图片、视频等页面元素。

1. 文件路径

定义超链接需要给定文件的路径,因而必须先了解与文件路径相关的知识。

在网页中,文件的路径分为绝对路径和相对路径。

(1) 绝对路径

绝对路径需要提供文件完整的 URL,而且包括所使用的协议,如果指向外部网站的文件,则可以使用超文本传输协议 HTTP,如 http://www.gnnu.cn/index.asp 就是一个绝对路径;如果指向本地文件,则可以使用文件传输协议 FILE,如 file:///D/images/winter.jpg 就是一个绝对路径,但是绝对路径最大的缺点是文件的位置不能改变,一旦变动则无法找到文件。

(2) 相对路径

相对路径一般以当前文件所在的路径为起始目录。路径中的".."代表回溯上一级目录,例如 background="../../pq.jpg"就是一个相对路径。相对路径的优点在于文件可以移动位置,只要相对起始位置不发生变化即可。

2. 链接标签

标签格式:<a>…</a>

链接标签的使用比较简单。例如：

`<a href = "http://www.gnnu.cn" target = "_blank" title = "师院">赣南师范大学</a>`

属性说明：
- href：链接所指向的 URL 地址，即目标地址，它可以是相对路径，也可以是绝对路径。
- target：指定打开链接的目标窗口，取值为：_parent（在父窗口中打开）、_blank（在新窗口中打开）、_self（在原窗口中打开）、_top（在浏览器的整个窗口中打开）。
- title：指向链接时所提示的文字。
- name：用来设定锚点的名字，主要用于创建锚点链接。

3. 超链接的分类

根据超链接的不同路径值，可以将超链接分为以下几类。

(1) 页面中间位置的链接

在<a>标签中没有对被链接页面的显示起始位置进行说明，浏览器从页面的开始位置显示页面。若要从页面中间的某位置显示，则可通过建立书签来实现。

1) 书签标签

书签指在一个页面中的某一个位置处设置一个标志，从而使一个链接能够链接到该标志所处的位置。

标签格式：`<a name="name"/>`

例如：

`<a name = "L1"/>`

2) 同一个页面内的链接

标签格式：`<a href="#name">…</a>`

其中：name 为被链接的书签名。

注意：被链接的地方必须已经设置了书签。

例如：

`<p>链接到新的(浏览器)<a href = "#windows">窗口内容介绍部分。</a></p>`

3) 不同页面的链接

标签格式：`<a href="URL#name"/>`

例如：

`<p>链接到表格制作页面中<a href = "table.html#L3">单元格的属性</a>内容部分。</p>`

（2）链接其他媒体文件

1）链接到声音文件

标签格式：<a href="声音文件的 URL">…</a>

例如：

<p>单击右面带下画线的文字,可以欣赏歌曲<a href="望江南.mid">"望江南"</a></p>

2）链接到视频文件

标签格式：<a href="视频文件的 URL">…</a>

例如：

<p>单击右面带下画线的文字,可以<a href="life.avi">欣赏</a>影像文件。</p>

3）链接到 E-mail 地址

标签格式：<a href="mailto:E-mail 地址?subject=邮件主题">…</a>

例如：

<a href="mailto:suoqi@nwu.edu.cn?subject=您好">有任何意见或建议请告诉我们</a>

4）链接到下载文件

标签格式：<a href="下载文件的 URL">下载提示文字</a>

例如：

<p>QQ 软件<a href="QQ.exe">【本地下载】</a></p>

3.6 音乐、影视和图像标签

1. 声音嵌入标签

（1）<bgsound>标签嵌入背景音乐

标签格式：<bgsound src="URL" loop="#"/>

注意：该标签必须放在文档的头部,即由<head>标签标注的区域内。

例如：

<bgsound src="../music/bg.mid" loop="3"/>

（2）<embed>标签嵌入音乐

标签格式：<embed src="URL" autostart="#" width="*" height="*"/>

标签功能：该标签会在页面中占据一个由宽和高设置的区域,并显示相应播放器的播放按钮,浏览者可通过播放按钮来播放音乐,如图 3-26 所示。

例如：

<embed src = "wjn.mid" width = "300px" height = "30px" autostart = "false"/>

图 3-26 在页面中嵌入音乐

2．视频嵌入标签

（1）＜img＞标签嵌入视频

标签格式：＜img dynsrc="URL" width=" * " height=" ** " start=" # "/＞

其中：start 为何时开始播放，# 为 fileopen 或 mouseover。

标签功能：该标签会在页面中占据一个由宽和高设置的区域，但没有播放按钮。

例如：

<img dynsrc = "clock.avi" start = "mouseover" width = "80px" height = "60px"/>

（2）＜embed＞标签嵌入视频

标签格式：＜embed src="URL" autostart=" # " width=" * " height=" ** "/＞

例如（见图 3-27）：

<embed src = "country.wmv" width = "400px" height = "300px" autostart = "false"/>

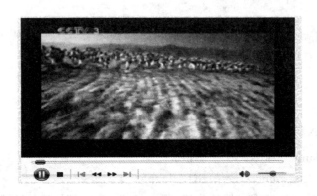

图 3-27 在页面中嵌入视频

3．图像嵌入标签

（1）图像标签

标签格式：＜img src=" # " alt=" * "/＞

例如：

<img src = "s001.gif" alt = "一个图片"/>

(2) 图像标签的属性

1) 图片在页面中的大小设置

属性格式：height="♯" width="♯"

例如：

```
<img src="s002.gif" alt="一个花的图片" height="200px" width="350px"/>
```

2) 图片与相邻文字的相对位置

属性格式：align="♯"

其中：♯ 为 top(上)、middle(中间)、bottom(下)、left(左)或 right(右)。注意，没有 center(居中)。

例如(见图 3-28)：

```
<img src="f003.gif" height="200px" width="100px" align="top"/>花样滑冰
```

图 3-28 图片与相邻文字的相对位置

3) 图片在页面中的水平和垂直布局

属性格式：hspace="♯" vspace="♯"

其中：hspace 是水平属性，vspace 是垂直属性。

例如(见图 3-29)：

```
<p>这是左面的文字！<img src="f002.jpg" hspace="100" vspace="50" align="middle"/>这是右面的文字！</p>
```

图 3-29 图片在页面中的水平和垂直布局

4）图像边框的属性设置

属性格式：border="#"

例如（见图3-30）：

<img src="h004.jpg" border="5px" height="150px" width="200px"/>

图3-30　图像边框的属性

3.7　图像的超链接

1. 单图单向超链接设置

标签格式：<a href="URL1"><img src="URL2"/></a>

例如：

<a href="testb.htm"><img src="s011.gif" alt="一个菊花图片,单击可打开 testb.htm 页面" height="100px" width="150px"/></a>

2. 图像地图

图像地图指把图片分成多个热区,每个热区设置一个超链接。

标签格式：

<map name="图像地图的名称">
<area shape="热区块形状1" coords="坐标1" href="URL1"/>
<area shape="热区块形状2" coords="坐标2" href="URL2"/>
…
</map>
<img src="图像的URL" usemap="#图像地图的名称"/>

图像地图的属性说明如表3-2所列。

表 3-2 图像地图属性表

形　状	坐标格式	说　　明
shape="rect"	coords="x1,y1,x2,y2"	x1,y1 代表矩形的左上角坐标,x2,y2 代表矩形的右下角坐标
shape="circle"	coords="x1,y1,r"	x1,y1 代表圆心坐标,r 代表圆的半径
shape="poly"	coords="x1,y1,x2,y2,…"	每一对(x,y)代表多边形的一个顶点坐标

定义了一个图像地图之后,便可以利用＜img＞标签来使用它,其中必须加上 usemap 属性,其值为"♯图像地图名称",即插入一个由 src 属性指定的图片,并加上 usemap 中说明的区域坐标及对应的 URL。

3.8　表　格

表格是网页元素中的重要一员,其原本的含义是用于格式化地显示数据。对于以往的网页制作来说,表格是定位元素,是实现网页布局结构中不可或缺的一部分。但随着近几年 Web 标准的发展,表格的布局作用已经逐步被弃用,开始还原其本来的面目。

表格由一行或多行组成,每一行又由一个或多个单元格构成。与其他 XHTML 元素不同,一个表格最少由 3 个标签来实现,标签如下。

1. 表格区段标签

标签格式:＜table＞…＜/table＞

标签功能:此标签表示表格的开始与结束,它是一个容器,定义一个表格。

注意:此标签一般不单独使用,需要配合行标签与单元格标签一起使用。

例如:

＜table width = "500" height = "200" border = "1" background = "images/p1.jpg" bgcolor = "♯FF0000" align = "center" cellpadding = "0" cellspacing = "0" bordercolor = "blue"＞…＜/table＞

属性说明:

- width:设定表格宽度,其值可以是相对的,也可以是绝对的,如 width="20％"。
- align:设定表格水平对齐方式,其值为 left、center 或 right 之一。
- border:设定表格边框宽度,取整数值,单位为像素。
- bordercolor:设定表格边框颜色。
- background:设定表格背景图像,其值为图像文件的相对路径或绝对路径。
- cellpadding:设定边距大小,即单元格中内容与单元格边距之间留白的大小。
- cellspacing:设定单元格与单元格之间的距离。

2. 行标签

标签格式:＜tr＞…＜tr/＞

标签功能：行标签用于定义装单元格的容器，一个<tr>表示一行。
注意：此标签一般也不单独使用。
例如：

<tr align = "center" bgcolor = "red" valign = "middle">…</tr>

属性说明：

- align：设定此行所有单元格中内容的水平对齐方式，其值为 left、center 或 right 之一。
- bgcolor：设定此行的背景颜色。
- valign：设定此行所有单元格中内容的垂直对齐方式，其值为 top、middle 或 bottom 之一。

3. 单元格标签

单元格标签根据作用可分为 2 种，一种是普通单元格，另一种是表头单元格，标签格式分别如下。

(1) 普通单元格标签

标签格式：<td>…</td>

标签功能：定义普通单元格，一个<td>表示一个单元格。

(2) 表头单元格标签

标签格式：<th>…</th>

标签功能：定义表头单元格，用法与<td>相同，不同的是，<th>文本内容默认以粗体显示，且居中。

4. 表格标题标签

标签格式：<caption>…</caption>

标签功能：定义表格标题，可以使用属性 align，其值为 top 或 bottom。
例如：

<caption>这是一份学生的成绩单</caption>

表格标签的应用实例如图 3-31 所示，效果如图 3-32 所示。

```
<table width="300" border="1" cellpadding="0" cellspacing="0">
    <caption>这是一份学生的成绩单</caption>
    <tr><th>姓名</th><th>性别</th><th>成绩</th></tr>

    <tr align="center"> <td>张三</td> <td>男</td> <td>90</td> </tr>
    <tr align="left">   <td>李四</td> <td>女</td> <td>95</td> </tr>
    <tr align="right">  <td>王五</td> <td>男</td> <td>99</td> </tr>
    <tr bgcolor="red">  <td>赵六</td> <td>女</td> <td>93</td> </tr>
</table>
```

图 3-31　表格标签的应用实例

这是一份学生的成绩单		
姓名	性别	成绩
张三	男	90
李四	女	95
王五	男	99

图 3-32 表格标签的应用效果

3.9 表 单

表单的作用是从访问 Web 站点的用户那里获取信息。访问者可以使用诸如文本框、列表框、复选框以及单选按钮之类的表单对象输入信息,然后单击某个按钮提交这些信息。表单在动态网站建设与 Web 应用程序开发中非常重要,它提供了用户与网站交互的接口。主要的表单标签如下。

1. 表单区域标签

标签格式:<form>…</form>

标签功能:此标签用来定义一个表单区域,所有需要一次性提交的表单项都须包含在此标签之间。

例如:

<form action = "" method = "">…<form>

属性说明:

- action:用来设定处理表单数据的页面或脚本,其值通常为动态网页文件的路径,如果该值为空,则表示提交到页面本身。
- method:用来设定将表单数据传输到服务器上所使用的方法,其值可取 get 和 post。get 是将表单数据附加到所请求页的 URL 中,此种方法不能传送大量数据,且不安全,所以不常使用。post 是将表单数据嵌入 HTTP 请求中,此种方法允许传送大量资料,较为实用。

2. 输入型表单标签

标签格式:<input>…</input>

根据不同的 type 属性值,输入字段拥有以下多种形式:

- <input type="text"/>:单行文本框。用来输入文本信息,一般多为用户名、邮箱等。
- <input type="password"/>:密码框。用来输入密码,输入内容以星号显示,防止泄密。
- <input type="radio"/>:单选按钮。用来在一组选项里选择一个选项,例如,性别等。

- <input type="checkbox"/>:复选框。用来在一组选项里选择多个选项。
- <input type="file"/>:文件域。用来选择本地文件并上传。
- <input type="hidden">:隐藏域。用来存储并提交非用户输入的信息。该信息用户是看不见的,它不在浏览器窗口中显示。
- <input type="submit"/>:提交按钮。用来将表单数据提交给服务器。
- <input type="reset"/>:重置按钮。用来还原表单为初始状态。
- <input type="button"/>:普通按钮。用来与JavaScript脚本相结合产生特定的动作。
- <input type="image"/>:图像域。用于将图像当作按钮使用。

3. 下拉菜单标签

标签格式:<select>…</select>

标签功能:下拉菜单有时也称为下拉列表,使用它可以方便地从一个列表中选择一个项目,并传送信息。

例如:

```
<select name="nanchang">
<option>青云谱区</option>
<option>青山湖区</option>
</select>
```

4. 文本区域标签

标签格式:<textarea>…</textarea>

标签功能:文本区域标签可以使用户输入多行信息,如用户留言、自我介绍等。

例如:

```
<textarea>江西省是……</textarea>
```

表单标签的应用实例代码如图 3-33 所示,效果如图 3-34 所示。

```
<form>
用户名:<input name="" type="text" /><br />
密码:<input name="" type="password" /><br />
性别: 男<input name="" type="radio" value="" />
     女<input name="" type="radio" value="" /><br />
出生年月:<select name="">
         <option>1990</option>
         <option>1991</option>
         <option>1992</option>
       </select><br />
自我介绍:<textarea name="" cols="" rows=""></textarea>
</form>
```

图 3-33 表单标签的应用实例   图 3-34 表单标签的应用效果

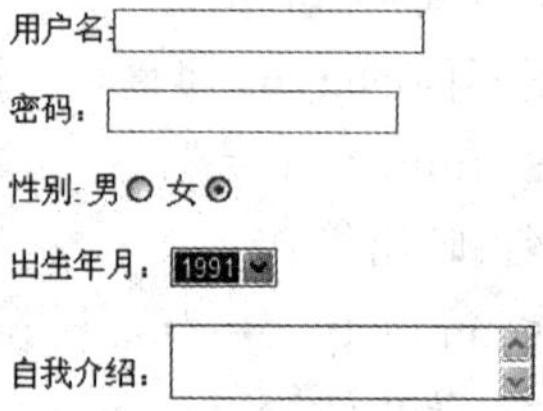

3.10 框架结构

框架页面将浏览器的窗口分割为多个显示区域,每一个显示区域称为一个框架,它也可以包含一个完全独立的页面。

1. 框架的基本概念

框架有两个主要部分,包括一个框架集页面以及各个框架。框架集页面定义了一个文件中框架的结构。框架集定义的内容包括浏览器窗口中将要显示的框架数目、框架的大小,以及每一个框架中将要放的页面等设置。框架集页面并不在浏览器中显示,它只记录页面上的框架如何在浏览器上显示出来。

2. 框架的基本结构

框架的基本结构实例代码如下:

```
<!DOCTYPE html PUBLIC "-//W3C//DTD XHTML 1.0 Transitional//EN" "http://www.w3.org/TR/xhtml1/DTD/xhtml1-transitional.dtd">
<html xmlns="http://www.w3.org/1999/xhtml">
<head>
<meta http-equiv="Content-Type" content="text/html; charset=gb2312"/>
<title>…</title>
</head>
<noframes>…</noframes>
<frameset rows=#>(或<frameset cols=#>)
<frame src="URL"/>
</frameset>
</html>
```

注意:框架标签应独立出现,绝不能被包含在正文标签<body>之中。

(1) 横向框架结构标签

标签格式:<frameset rows="#">…</frameset>

例如:

```
<frameset rows="20%,50%,*">
<frame src="top.htm"/>
<frame src="middle.htm"/>
<frame src="bottom.htm"/>
</frameset>
```

横向框架结构标签应用效果图如图 3-35 所示。

(2) 纵向框架结构标签

标签格式:<frameset cols=#>

例如：

```
<frameset cols="20%,*,30%">
<frame src="left.htm"/>
<frame src="middle.htm"/>
<frame src="right.htm"/>
</frameset>
```

纵向框架结构标签应用效果图如图 3-36 所示。

图 3-35 横向框架结构标签应用效果图

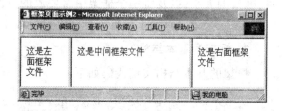

图 3-36 纵向框架结构标签应用效果图

（3）混合框架结构

XHTML 语言允许框架嵌套使用，在一个横向或纵向框架中嵌套另一个框架集的设置就构成了混合框架结构。

例如：

```
<frameset cols="20%,*">
<frame src="left.htm"/>
<frameset rows="20%,80%">
<frame src="middle.htm"/>
<frame src="right.htm"/>
</frameset>
</frameset>
```

混合框架结构实例应用效果图如图 3-37 所示。

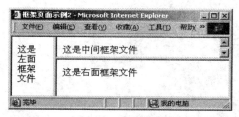

图 3-37 混合框架结构效果图

3. 框架中文本的间距

框架中的文本与框架之间的间距可以通过在 ＜frame＞ 标签中使用 marginwidth=♯或marginheight=♯属性设置。marginwidth 指定文本与框架边界的横向距离,marginheight 指定文本与框架边界的纵向距离。

例如：

```
<frameset rows="20%,50%,*">
<frame src="top.htm" marginwidth="30px" marginheight="50px"/>
<frame src="middle.htm" marginwidth="30px" marginheight="50px"/>
<frame src="bottom.htm" marginwidth="30px" marginheight="50px"/>
</frameset>
```

4. 框架结构间的关联

框架之间可以有特定的超链接关系,可以将某一个框架的链接内容输出到另一个框架中。

（1）框架标签

标签格式：<frame src="♯" name="框架名"/>

例如：

```
<frameset cols="20%,80%">
<frame src="left.htm" name="select"/>
<frame src="right.htm" name="display"/>
</frameset>
```

（2）指定输出目标框架标签

标签格式：<base target="目标框架名"/>

标签功能：指定输出目标框架就是给在选择框架中的页面增加说明,使其页面中的超链接对象在指定的目标框架中显示。

注意：该标签只能放在需要指定输出目标框架页面的头部<head>区。

（3）框架的边框设置

框架的边框设置可以用 border="♯"属性来实现,其中,♯取 0、1、2、…表示边框宽度的值,单位为像素(pixel)。如果 border 的取值为 0,则框架的边框被隐藏。

例如：

```
<frameset rows="50%,50%" border="8px">…</frameset>
```

3.11　小　结

通过本章的学习,学到了 XHTML 的基础知识,具体内容如下：

① 了解了 HTML、XML 的概念及其发展历程。

② 了解了由 HTML 转向 XHTML 的历史背景。

③ 学习了页面的基本构成元素。

④ 学习了网页的各种主体标签：文本、页面风格、超链接、音乐、影视、图像、表格、表单、框架等。

⑤ 掌握了主体标签的语法格式和编写方法。

⑥ 掌握了主体标签的实际应用。

习 题

1. 简述 XHTML 的发展史。
2. 网页的主体结构分为哪些部分？
3. 网页文档的校验方法有哪些？
4. 网页的主体标签包括什么？
5. 如何利用列表标签修改列表前端的图标？
6. 如何修改超链接的文本链接样式？
7. 如何设置表格的标题？
8. 表单标签有哪些？
9. 网页中如何利用字符格式标签设置文字样式？
10. 区段格式标签包含哪些？

第4章 CSS 入门

在进行网页制作时,采用 CSS 技术可以有效地对页面的布局、字体、颜色、背景和其他效果实现更加精确的控制。对相应的代码做一些简单的修改,可以改变同一页面的不同部分,或者改变页数不同的网页的外观和格式,并提高网页的打开速度。

4.1 CSS 概述

4.1.1 CSS 简介

CSS 是 Cascading Style Sheets(层叠样式表)的缩写,是一种对 Web 文档添加样式的简单机制,属于表现层的布局语言,用于控制 Web 页面的外观样式。通过使用 CSS 样式来设置页面的格式,可将页面的内容与表现样式分离。页面内容存放在 HTML 文档中,而用于定义表现样式的 CSS 规则则存放在另一个文件中,或者存放在 HTML 文档的某一部分,通常为文件头部分。下面介绍几个基本概念。

1. CSS

CSS 是用于布局与美化网页的,它最早于 1996 年提出,由 W3C(万维网联盟)CSS 工作组维护。

2. 样　式

样式即格式,对于网页来说,像网页显示的文字的大小和颜色、图片的位置以及段落、列表等,都是网页显示的样式。

3. 层　叠

当 HTML 文件引用多个 CSS 样式时,如果 CSS 的定义发生冲突,则浏览器将依据层次的先后顺序来应用样式,当不考虑样式的优先级时,一般会遵循"最近优选原则"。

4.1.2 CSS 在页面风格设计中的作用

1. 网页的标准

网页主要由 3 个部分组成:

① 结构(structure):一个网页分若干个组成部分,包括各级标题、正文段落、各种列表结构等,这些部分构成了一个网页的"结构"。

② 表现(presentation):网页各组成部分的字号、字体和颜色等属性构成了它的

"表现"。

③ 行为(behavior):网页与用户的交互构成了它的"行为"。

2. 网页标准的涵义

① "结构"决定了网页"是什么"。

② "表现"决定了网页看起来是"什么样子"。

③ "行为"决定了网页"做什么"。

3. 网页标准对应的技术

① (X)HTML 决定网页的结构和内容。

② CSS 设定网页的表现样式。

③ JavaScript 控制网页的行为。

4. CSS 的核心目的

实现网页结构的内容与表现形式的分离,将原来由 HTML 语言承担的一些与结构无关的功能剥离出来,改由 CSS 来完成。

5. CSS 的特点

① 几乎被所有浏览器所兼容,有利于网页标准的执行。

② 可以用来替代部分图片的显示,加速网页的打开。

③ 美化页面字体,让页面更容易编排、更加美观。

④ 提高控制页面布局的自由度。

⑤ 轻松实现整站多个页面样式的批量更新和统一修改,极大提高了网站改版的效率。

6. CSS 的作用

① 针对页面中对象的风格和样式进行定义。

② 建立样式单的意义在于把对象真正引入了 XHTML,使得可以使用脚本调用对象的属性,并且可以改变对象的属性,以达到动态的目的。

③ 使 XHTML 标签与表现无关,达到了内容与样式的分离。

④ 简化了 XHTML 中各种烦琐的标签,使得各个标签的属性更具有一般性和通用性。

例如:

XHTML 方法:

```
<p><font color = "read">这是显示红色字</font></p>
```

CSS 方法:

```
<p style = "color:red">这是显示红色字</p>
```

4.2 CSS 样式

4.2.1 内联定义

内联定义(Inline Styles)即是在对象的标签内使用对象的 style 属性来定义适用其的样式表属性。内联定义是所有样式定义方法中最为直接的一种,它直接对 HTML 的标签使用 style 属性,然后将 CSS 代码直接写在其中。

例 1：CSS 内联定义示例

```
<html>
<head>
<title>页面标题</title>
</head>
<body>
<p style="color:#FF0000;font-size:20px;text-decoration:underline;">正文内容 1</p>
<p style="color:#000000;font-style:italic;">正文内容 2</p>
<p style="color:#FF00FF;font-size:25px;font-weight:bold;">正文内容 3</p>
</body>
</html>
```

这是最简单的 CSS 使用方法。由于这种方法需要为每一个标签设置 style 属性,使得其后期维护成本依然很高,网页也容易过"胖"(宽),因此不推荐使用。

CSS 内联定义网页效果图如图 4-1 所示。

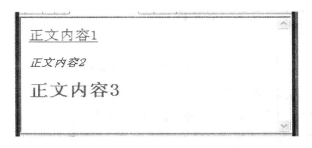

图 4-1 CSS 内联定义效果图

4.2.2 定义内部样式块对象

在 HTML 文档的头部插入一个<style>…</style>块对象,即内部样式块(Embedding a Style Block),它是将 CSS 写在<head>与</head>标签之间,并用<style>和</style>标签进行声明的。这样的样式块只针对本页有效,不作用于其他页面。

例 2：CSS 内部样式块示例

```
<html>
<head>
<title>页面标题</title>
<style type="text/css">
p {
    font-size: 25px;
    font-weight: bold;
    color: #0000FF;
    text-decoration: underline;
}
</style>
</head>
<body>
<p>这是第 1 行正文内容……<p>
<p>这是第 2 行正文内容……<p>
<p>这是第 3 行正文内容……<p>
</body>
</html>
```

CSS 内部样式块效果图如图 4-2 所示。

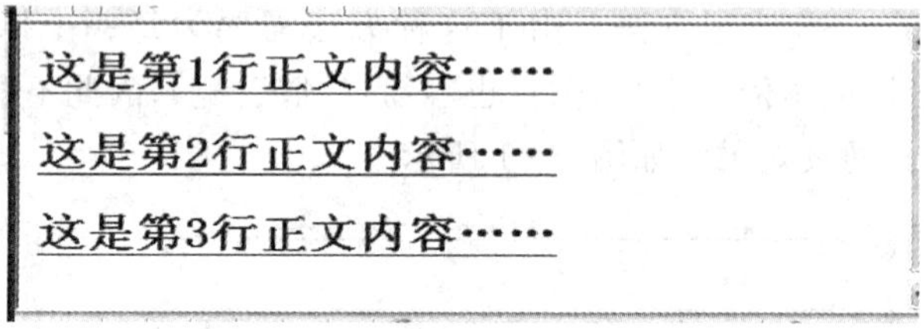

<u>这是第1行正文内容……</u>
<u>这是第2行正文内容……</u>
<u>这是第3行正文内容……</u>

图 4-2　CSS 内部样式块效果图

所有 CSS 代码部分都被集中在了同一个区域，这样不仅方便了后期的维护，还减小了页面的大小。但是，如果一个网站拥有很多页面，同时，不同页面又都希望采用相同的风格，则内部样式块就会略显麻烦，因此，内部样式块仅适用于对特殊页面进行单独样式风格的设置。

注意：一般情况下都将 style 标签放在<head></head>标签之内。

4.2.3　外部样式表文件

外部样式表（Linking to a Style Sheet）文件形式是把 CSS 单独写到一个 CSS 文件内，然后在源代码中以 link 方式链接。它的好处是不但本页可以调用，其他页面也可以调用。这种方法是最常用的一种形式。

外部样式表是使用频率最高，应用也最好的一种形式。它是将 CSS 样式代码单独编写在一个独立的文件中，由网页进行调用，多个网页可以调用同一个样式文件，这样就使得网站的整体风格可以保持和谐与统一，同时又可实现页面框架 HTML 代码与美工 CSS 代码的完全分离；而且，前期制作和后期维护也十分方便，网站后台的技术人员与美工设计者也可以很好地分工合作。

外部样式表包括导入式和链接式两种，二者的区别在于引入的方式不同。

1. 外部样式表——导入式

例如，若将 4.2.2 小节中的代码改为导入式，那么首先要创建一个新的文本文件，通常以 .css 为文件后缀名，例如为 sheet1.css，则文件内容为：

```
p{
    font-size: 25px;
    font-weight: bold;
    color: #0000FF;
    text-decoration: underline;
}
```

然后，在 HTML 文件中导入该 CSS 文件。

例 3：导入外部样式表示例

```
<html>
<head>
<title>页面标题</title>
<style>
   @import url(sheet1.css);
</style>
</head>
<body>
<p>这是第 1 行正文内容……<p>
<p>这是第 2 行正文内容……<p>
<p>这是第 3 行正文内容……<p>
</body>
</html>
```

导入外部样式表效果图如图 4-3 所示。

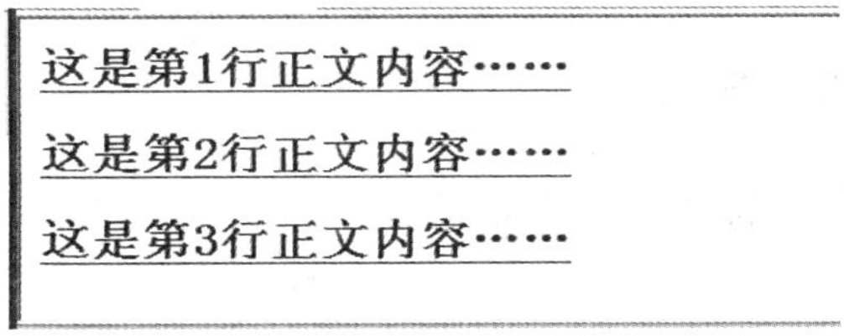

> 这是第1行正文内容……
> 这是第2行正文内容……
> 这是第3行正文内容……

图 4-3　CSS 外部样式表效果图

此外，在导入 CSS 文件时，以下写法都是正确的，可以任选一种。

```
@import url(sheet1.css);
@import url("sheet1.css");
@import url('sheet1.css');
@import sheet1.css;
@import "sheet1.css";
@import 'sheet1.css';
```

2. 外部样式表——链接式

链接式与导入式的效果是相同的，区别在于引入的方式不同。例如，若将例 3 的导入式改为链接式引入，则 CSS 文件本身不需要修改，仅需把<style>至</style>（包括它本身）之间的所有代码删除，然后加入一行<link>代码。

例 4：链接外部样式表示例

```
<html>
<head>
<title>页面标题</title>
<link href="sheet1.css" type="text/css" rel="stylesheet">
</head>
<body>
<p>这是第 1 行正文内容……<p>
<p>这是第 2 行正文内容……<p>
<p>这是第 3 行正文内容……<p>
</body>
</html>
```

可以看到，这是通过<link>标签引入的。具体文件名由 href 属性确定。

从效果来说，两种引入方式基本没有区别，而且效果都如图 4-3 所示。目前，使用链接式的方式更多一些。

另外，在 Dreamweaver 中，也可以通过选择"格式"→"CSS 样式"→"附加样式表"菜单项来链接 CSS 文件。

4.3 CSS 语法

4.3.1 基本语法规范

CSS 语法由选择符、属性和值组成。

语法格式：selector{property：value；property：value；…}

其中：
- selector：样式的名称，分为 id 选择器、类选择器和标签选择器等 11 类；
- property：要修饰对象的某个属性的名称，比如 color(颜色)；
- value：具体表现(显示)的形式。

下面来分析一个典型 CSS 的语句：

    p｛COLOR：♯FF0000；BACKGROUND：♯FFFFFF｝

其中：
- "p"称为"选择器"(selectors)，指明要给"p"定义的样式；
- 样式声明写在一对大括号"｛｝"中；
- COLOR 和 BACKGROUND 称为"属性"(property)，不同属性之间用分号";"分隔；
- "♯FF0000"和"♯FFFFFF"是属性的值(value)。

4.3.2　CSS 的值

CSS 的值随属性的不同，其取值方式也不同，主要有文字符号(如英文单词)、数值和颜色 3 种类型，且每种类型都有严格的书写规定。

1. 文字符号的值

此类值必须使用特定的英文单词或符号，而不能自己随便使用。

例如：

p｛ text-align：center； font-family："gill sans"，楷体_GB2312； ｝

2. 数　值

此类值由一个自然数后面附加单位构成。单位使用默认单位。

例如：

p｛ font-size：20pt；text-indent：0.5in； ｝

CSS 数值的单位有多种，同时单位又有相对单位和绝对单位之分。

相对单位指以某一种单位为基础来完成设置的单位，显示的大小会随显示设备的不同而不同。

绝对单位指使显示的大小在不同显示设备中都不会改变的单位。

3. 颜色值

颜色值可以用 RGB 值表示，例如 color：rgb(255,0,0)，也可以用十六进制写为 color：♯FF0000。如果十六进制值是成对重复出现的，则可以简写，但效果一样，例如♯FF0000 可以写为♯F00；但是，如果没有重复就不可以简写，例如♯FC1A1B 必须写满六位。

把文字的颜色定义为红色,除了使用英文单词 red 外,还可以使用十六进制的颜色值 ♯ff0000,例如:

```
div { color: #ff0000; }
```

还可以通过以下两种方法来使用 RGB 值:

```
div { color: rgb(255,0,0); }
div { color: rgb(100%,0%,0%); }
```

注意:当使用 RGB 百分比时,即使值为 0 也要写百分号。但是,在其他情况下就可以不这么做,例如,当尺寸为 0 像素时,0 之后就不需要写 px 单位。

4.3.3 定义字体

Web 标准推荐定义字体的方法如下:
　　　　body{font-family:"Lucida Grande",Verdana,Lucida,Arial,
　　　　　　Helvetica,宋体,sans-serif;}

其中:
- 字体按照所列出的顺序选用。如果用户计算机中含有 Lucida Grande 字体,则文档将被指定为 Lucida Grande 字体;如果没有,则被指定为 Verdana 字体;如果也没有 Verdana,则被指定为 Lucida 字体;依次类推。
- Lucida Grande 字体适合于 Mac OS X 系统。
- Verdana 字体适合于所有的 Windows 系统。
- Lucida 字体适合于 UNIX 系统。
- "宋体"适合于中文简体系统。
- 如果所列出的字体都没有,则默认的 sans-serif 字体也能保证使用。

4.3.4 定义链接的样式

CSS 中用四个伪类来定义链接的样式,分别是 a:link、a:visited、a:hover 和 a:active,例如:

```
a:link{font-weight : bold ;text-decoration : none ;color : #c00 ;}
a:visited {font-weight : bold ;text-decoration : none ;color : #c30 ;}
a:hover {font-weight : bold ;text-decoration : underline ;color : #f60 ;}
a:active {font-weight : bold ;text-decoration : none ;color : #F90 ;}
```

以上语句分别定义了"链接""已访问过的链接""鼠标停在上方时""单击鼠标时"的样式。

4.4 CSS 选择器

1. id 选择器(CSS1)

id 选择器可以为标有特定 id 的 HTML 标签指定特定的样式。

id 选择器以井号(#)来定义。

例如,下面的两个 id 选择器,第一个定义标签的颜色为红色,第二个定义标签的颜色为绿色:

```
<style type = "text/css">
#x1 {color:red;}
#x2 {color:green;}
</style>
```

在下面的 HTML 代码中,id 属性为 x1 的 div 标签内的文字显示为红色,而 id 属性为 x2 的 div 标签内的文字显示为绿色。

```
<div id = "x1">这个是红色。</div>
<div id = "x2">这个是绿色。</div>
```

注意:id 属性只能在每个 HTML 文档中出现一次。因为一般的网页可分为三部分:结构、样式和行为。在结构和样式的控制下,id 和类选择器可以随意使用,但是,一旦有了行为控制,那么 id 属性就会作为 JavaScript 的取值方式之一,而 id 的取值在同一个页面中必须是唯一的。所以,在进行页面布局时,同一个 id 选择器在同一个 HTML 文档中只能出现一次。

2. 类选择器(CSS1)

在 CSS 中,类选择器以一个点号(.)显示,例如:

```
<style type = "text/css">
.n1 {text-align:center}
</style>
```

在上面的例子中,所有拥有 n1 类的 HTML 标签均居中。

在下面的 HTML 代码中,div 和 li 标签都有 n1 类,这意味着两者都要遵守 n1 类选择器中的居中规则。

```
<div class = "n1">你看到的将会是文本水平居中</div>
<li class = "n1">这里也是文本水平居中</li>
```

注意:类名的第一个字符不能使用数字,否则在 Firefox 中不起作用。

3. 标签选择器(CSS1)

在 CSS 中,可将 HTML 标签直接作为选择器,并把这一类选择器称为标签选择

器或类型选择器。例如:

```
<style type = "text/css">
h1{font-size:12px;color:red;}
</style>
<h1>这里是重新定义后的 h1 标签的文本</h1>
```

在上面的例子中,原本 h1 标签是字号加大加粗的黑色文本,现在修改后,文本字体变成了 12 像素的小字体,并变成了红色。

注意:head、meta、title、base、script、style 标签不作为标签选择器使用,因为这些标签没有样式属性。

4. 通配符选择器(CSS2)

在 CSS 中,以星号(*)来表示通配符。

如果在 HTML 文档中,需要定义统一并共用的样式,则可以使用通配符选择器。

例如:

```
<style type = "text/css">
*{font-size:16px;}
.n1{text-align:center;}
#n2{color:red}
</style>
<div class = "n1">文本 1</div>
<div id = "n2">文本 2</div>
```

在上面的例子中,两个容器的样式属性都没有定义字体的大小,而是通过通配符选择器的定义,使两个容器字体大小的默认值都为 16 像素。

注意:IE6(含 IE6)以前的 IE 浏览器都不支持通配符选择器。

5. 包含关系选择器(CSS1)

语法格式: E F{ sRules }

功能说明:表示选择所有被 E 元素包含的 F 元素,E 和 F 之间是空格。使用该选择器可以单独对某种元素的包含关系定义样式表,元素 E 里包含元素 F。但是,这种方式只对在元素 E 里的元素 F 定义,而对单独的元素 E 或元素 F 无定义。

例如:

```
<style type = "text/css">
h1 p{color:#f00;}
</style>
<h1><p>这里是重新定义后的 p 标签的文本</p></h1>
<p>这里是 p 标签的文本</p>
```

在上面的例子中,原本 p 标签内的文本没有任何样式,但是,所有在 h1 标签内的 p 标签的文本都变成了红色。

6. 子级关系选择器(CSS2)

语法格式：E＞F{ sRules }

功能说明：选择所有作为 E 元素的子元素 F,E 和 F 之间是大于号(＞)。

例如：

```
<style type="text/css">
h1>p{color:#f00;}
</style>
<h1>
    <p>这里是重新定义后的 p 标签的文本</p>
    <h2>
        <p>这里还是默认样式</p>
    </h2>
</h1>
```

在上面的例子中,只有 h1 标签内的子级 p 标签的文本变成了红色,而 h2 内的 p 标签并不是 h1 的直接子级节点,所以依然是默认样式。

7. 相邻关系选择器(CSS2)

语法格式：E＋F{ sRules }

功能说明：选择紧贴在 E 元素之后的 F 元素,E 和 F 之间是加号(＋)。

例如：

```
<style type="text/css">
p+p{color:#f00;}
</style>
<div class="test">
    <h3>这是一个标题</h3>
    <p>这是一个文字段落</p>
    <p>这是一个红色的文字段落</p>
    <h3>这是一个标题</h3>
    <p>这是一个文字段落</p>
    <h3>这是一个标题</h3>
    <p>这是一个文字段落</p>
    <p>这是一个红色的文字段落</p>
</div>
```

在上面的例子中,只有与 p 标签相邻的 p 标签的文本变成了红色,而其他 p 标签依然是默认样式。

8. 兄弟关系选择器(CSS3)

语法格式：E~F{ sRules }

功能说明：选择 E 元素后面的所有兄弟元素 F,E 和 F 之间是波浪号(~)。

例如：

```
<style type = "text/css">
p~p{color:#f00;}
</style>
<div class = "test">
    <h3>这是一个标题</h3>
    <p>这是一个文字段落</p>
    <p>这是一个红色文字段落</p>
    <h3>这是一个标题</h3>
    <p>这是一个红色文字段落</p>
    <h3>这是一个标题</h3>
    <p>这是一个红色文字段落</p>
    <p>这是一个红色文字段落</p>
</div>
```

在上面的例子中,除了第一个 p 标签以外,其他相邻的 p 标签的文本都变成了红色。

9. 属性选择器

属性选择器表如表 4-1 所列。

表 4-1 属性选择器表

选择器	CSS 版本	简　介
E[att]	CSS2	选择具有 att 属性的 E 元素
E[att = "val"]	CSS2	选择具有 att 属性且属性值等于 val 的 E 元素
E[att~ = "val"]	CSS2	选择具有 att 属性且属性值为一用空格分隔的字词列表,并且其中一个属性等于 val 的 E 元素
E[att^ = "val"]	CSS3	选择具有 att 属性且属性值为以 val 开头的字符串的 E 元素
E[att$ = "val"]	CSS3	选择具有 att 属性且属性值为以 val 结尾的字符串的 E 元素
E[att* = "val"]	CSS3	选择具有 att 属性且属性值为包含 val 的字符串的 E 元素
E[att| = "val"]	CSS2	选择具有 att 属性且属性值为以 val 开头并用连接符"-"分隔的字符串的 E 元素

10. 伪类选择器

伪类选择器表如表 4-2 所列。

表4-2 伪类选择器表

选择器	CSS 版本	简介
E:link	CSS1	设置超链接 a 在未被访问前的样式
E:visited	CSS1	设置超链接 a 在其链接地址已被访问过时的样式
E:hover	CSS1/2	设置元素在光标悬停其上方时的样式
E:active	CSS1/2	设置元素在被用户激活(在单击与释放鼠标之间发生的事件)时的样式
E:focus	CSS1/2	设置元素在成为输入焦点(该元素的 onfocus 事件发生)时的样式
E:lang()	CSS2	匹配使用特殊语言的 E 元素
E:not(s)	CSS3	匹配不含有 s 选择符的元素 E
E:root	CSS3	匹配 E 元素在文档中的根元素
E:first-child	CSS2	匹配父元素的第一个子元素 E
E:last-child	CSS3	匹配父元素的最后一个子元素 E
E:only-child	CSS3	匹配父元素仅有的一个子元素 E
E:nth-child(n)	CSS3	匹配父元素的第 n 个子元素 E
E:nth-last-child(n)	CSS3	匹配父元素的倒数第 n 个子元素 E
E:first-of-type	CSS3	匹配同类型中的第一个同级兄弟元素 E
E:last-of-type	CSS3	匹配同类型中的最后一个同级兄弟元素 E
E:only-of-type	CSS3	匹配同类型中的唯一的一个同级兄弟元素 E
E:nth-of-type(n)	CSS3	匹配同类型中的第 n 个同级兄弟元素 E
E:nth-last-of-type(n)	CSS3	匹配同类型中的倒数第 n 个同级兄弟元素 E
E:empty	CSS3	匹配没有任何子元素(包括 text 节点)的元素 E
E:checked	CSS3	匹配用户界面上处于选中状态的元素 E(用于 input type 为 radio 与 checkbox 时)
E:enabled	CSS3	匹配用户界面上处于可用状态的元素 E
E:disabled	CSS3	匹配用户界面上处于禁用状态的元素 E
E:target	CSS3	匹配相关 URL 指向的 E 元素
@page:first	CSS2	设置页面容器第一页使用的样式。仅用于 @page 规则
@page:left	CSS2	设置页面容器位于装订线左边的所有页面使用的样式。仅用于 @page 规则
@page:right	CSS2	设置页面容器位于装订线右边的所有页面使用的样式。仅用于 @page 规则

11. 伪对象选择器

伪对象选择器表如表 4-3 所列。

表 4-3 伪对象选择器表

选择器	CSS 版本	简　介
E:first-letter/E::first-letter	CSS1/3	设置对象内的第一个字符的样式
E:first-line/E::first-line	CSS1/3	设置对象内的第一行的样式
E:before/E::before	CSS1/3	设置在对象前（依据对象树的逻辑结构）发生的内容。用来和 content 属性一起使用
E:after/E::after	CSS1/3	设置在对象后（依据对象树的逻辑结构）发生的内容。用来和 content 属性一起使用
E::selection	CSS3	设置对象被选择时的颜色

4.5　CSS 的层叠性

层叠性就是继承性，样式表的继承规则是：将外部元素的样式保留下来继承给某个元素所包含的其他元素。

4.5.1　CSS 层叠性概述

所有的 CSS 语句都是基于各个标签之间的继承关系的，为了更好地理解继承关系，首先从 HTML 文件的组织结构入手，如下例所示（结果见图 4-4）。

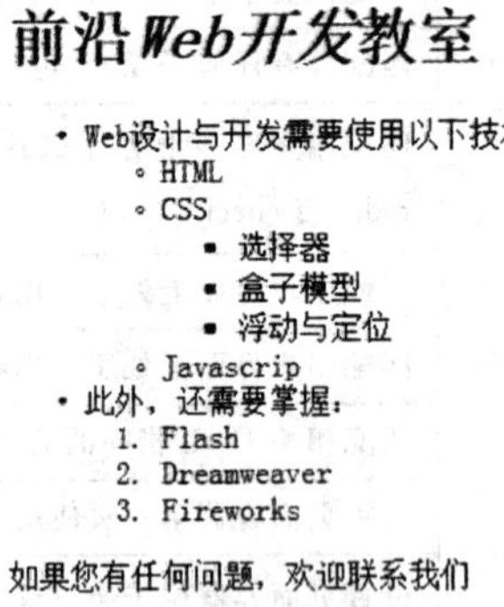

前沿 Web 开发教室

- Web 设计与开发需要使用以下技术：
  - HTML
  - CSS
    - 选择器
    - 盒子模型
    - 浮动与定位
  - Javascrip
- 此外，还需要掌握：
  1. Flash
  2. Dreamweaver
  3. Fireworks

如果您有任何问题，欢迎联系我们

图 4-4　包含多层列表的页面

例 5：CSS 层叠性示例

```
<html>
<head><title>继承关系演示</title></head>
<body>
<h1>前沿<em>Web 开发</em>教室</h1>
<ul>
    <li> Web 设计与开发需要使用以下技术:
        <ul>
            <li>HTML</li>
            <li>CSS
                <ul>
                    <li>选择器</li>
                    <li>盒子模型</li>
                    <li>浮动与定位</li>
                </ul>
            </li>
            <li>Javascrip</li>
        </ul>
    </li>
    <li>此外,还需要掌握:
        <ol>
            <li>Flash </li>
            <li>Dreamweaver</li>
            <li>Fireworks</li>
        </ol>
    </li>
</ul>
<p>如果您有任何问题,欢迎联系我们</p>
</body>
</html>
```

下面着重从"继承"的角度来考虑各个标签之间的树形关系,如图 4-5 所示。在

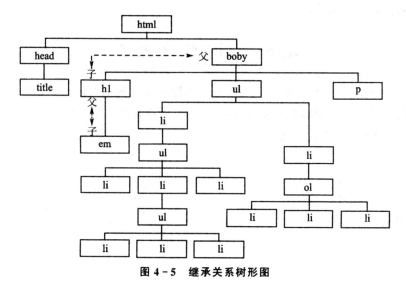

图 4-5 继承关系树形图

这个树形关系中,处于最上端的<html>称为"根(root)",它是所有标签的源头,往下层层包含。在每一个分支中,称上层标签为其下层标签的"父"标签;相应地,下层标签称为上层标签的"子"标签。例如<h1>标签是<boby>标签的子标签,同时也是<em>标签的父标签。

4.5.2 CSS 层叠的运用

CSS 层叠指的是子标签会继承父标签的所有样式风格,并可以在父标签样式风格的基础上加以修改,产生新的样式,而子标签的样式风格完全不会影响到父标签。

如在 div 标签中嵌套 p 标签,p 标签里的内容会继承 div 标签里定义的属性。

例如:

```
div { color:red;font-size:9pt}
...
<div>
<p>这个段落的文字为红色 9 号字</p>
</div>
```

另外,当样式表继承遇到冲突时,总是以最后定义的样式为准。

CSS 的继承贯穿整个 CSS 设计的始终,每个标签都遵循 CSS 继承的概念。因此,可以利用这种巧妙的关系来大大缩减代码的编写量,并提高可读性,尤其在页面内容很多且关系复杂的情况下。

注意:有些属性可以自动传给子元素,例如上面例中的文字颜色属性 color,子对象会继承父对象的该属性;但是,也有的属性不会从父元素那里自动继承过来,比如,如果给某个元素设置了一个边框,那么它的子元素不会自动也加上一个边框,因为边框属性是非继承的。

4.6 CSS 的优先级

CSS 的全名叫做"层叠样式表",层叠可以简单地理解为"冲突"的解决方案。当用不同的选择器定义相同的元素时,就要考虑不同选择器之间的优先级。

例 6:CSS 的优先级示例

```
<html>
<head>
<title>层叠特性</title>
<style type = "text/css">
p {color: green;}
```

```
.red {color: red;}
.purple {color: purple;}
#line3 {color: blue;}
</style>
</head>
<body>
    <p>这是第1行绿色文本</p>
    <p class = "red">这是第2行红色文本 </p>
    <p id = "line3" class = "red">这是第3行蓝色文本</p>
    <p style = "color:orange;" id = "line3">这是第4行橙色文本</p>
    <p class = "purple red">这是第5行紫色文本</p>
</body>
</html>
```

CSS 优先级实例效果图如图 4-6 所示。

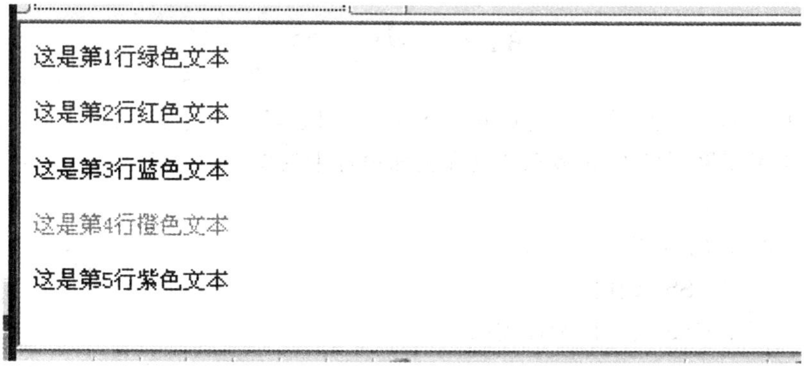

图 4-6　CSS 优先级实例效果图

CSS 规定:范围越小,优先级越高。

1. 优先级规则 1

优先级规则 1 是

　　　　　　　行内样式＞id 样式＞类样式＞标签样式

注意:当优先级相同时,不是比较在 HTML 中的前后关系,而是比较在 CSS 定义部分的前后关系。

2. 优先级规则 2

优先级规则 2 是

　　　　　　　行内样式＞嵌入样式＞导入样式

当使用了外部样式表(包括链接式和导入式)时,情况会变得更为复杂,可以简单地理解为:

① 行内样式＞嵌入样式＞外部样式。

② 在外部样式中,出现在后面的优先级高于出现在前面的优先级。

当用不同的选择器定义相同的元素时,就要考虑不同选择器之间的优先级。对于 id 选择器、类选择器和标签选择器,因为 id 选择器是最后加到元素上的,所以其优先级最高,其次是类选择器。

如果想超越这三者之间的关系,则可以用"!important"提升样式表的优先级。

例如:

```
p {color:#FF0000!important}
.blue {color:#0000FF}
#id1 {color:#FFFF00}
```

在此例中,同时对页面中的一个段落加上了这三种选择器,最后的结果是依照被"!important"申明的标签选择器的样式将文字设置为红色;如果去掉"!important",则依照优先级最高的 id 选择器的样式将文字设置为黄色。

4.7 小 结

通过本章的学习,学到了网页的 CSS 入门知识,具体内容如下:
① 学习了网页的 CSS 概念和其在页面设计中的作用。
② 掌握了 CSS 样式。
③ 掌握了 CSS 语法。
④ 了解了 CSS 选择器。
⑤ 学习了 CSS 层叠性和优先级。

习 题

1. CSS 层叠样式表的主要作用是什么?
2. 行内元素有哪些?
3. 块级元素有哪些?
4. CSS 引入的方式有哪些?
5. CSS 选择器有哪些?
6. CSS 的哪些属性可以被继承?
7. 前端页面由哪三层构成?分别是什么?作用是什么?
8. img 标签上 title 与 alt 属性的区别是什么?

第5章 Dreamweaver 网页设计软件

Dreamweaver 是经典的网页设计软件,支持以代码、拆分、设计、实时视图等多种方式来创作、编写和修改网页,对于初级人员可以无须编写任何代码就能快速创建 Web 网页。本书以 Dreamweaver CS6 版本为例进行介绍。

5.1 初识 Dreamweaver

Adobe Dreamweaver CS6 是一款专业的 HTML 编辑软件,用于对站点、网页和 Web 应用程序进行设计、编码和开发。无论是喜欢直接编写 HTML 代码,还是偏爱在可视化编辑环境中进行工作,Dreamweaver 都可以提供众多工具,帮助用户更方便地进行网页制作。

利用 Dreamweaver 中的可视化编辑功能,可以快速创建页面而无须编写任何代码。不过,如果更喜欢用手工直接编码,则 Dreamweaver 还包括许多与编码相关的工具和功能;并且,借助 Dreamweaver,还可以使用服务器语言(例如 ASP、ASP.NET、JSP 和 PHP)生成支持动态数据库的 Web 应用程序。

5.1.1 Dreamweaver CS6 工作环境

Dreamweaver CS6 的工作界面与其之前的版本有所差别,它整合了一些面板,例如,将插入菜单栏整合到面板组,使工作空间显得更加宽阔和简洁。Adobe Dreamweaver CS6 软件比之前的版本还有一定的改进,例如,提高了发送 FTP 的性能,从而可以更高效地传输大型文件;更新的"实时视图"和"多屏幕预览"面板可呈现 HTML 5 代码;增加了响应迅速的 CSS3 自适应网格版面,可创建跨平台和跨浏览器的兼容网页。

1. 启动 Dreamweaver CS6

软件启动后,首先看到的便是欢迎界面,界面主要由"打开最近的项目""新建"和"主要功能"等部分组成,如图 5-1 所示。

(1) 打开最近的项目

显示最近编辑过的页面文件列表,可以通过单击列表文件名称来快速打开上一次编辑过的同一位置的页面文件。

(2) 新　　建

可以从新建列表中选择一种文件类型来快速创建新的文档。

(3) 主要功能

在线介绍一些网页制作的相关技术。

(4) 关闭欢迎界面

可以通过选中欢迎界面下面的"不再显示"复选框来关闭欢迎界面,当下次再启动 Dreamweaver 时,欢迎界面则不再显示。若要再次打开欢迎界面,则只需选择"编辑"→"首选参数"→"常规"→"显示欢迎界面"菜单项即可。

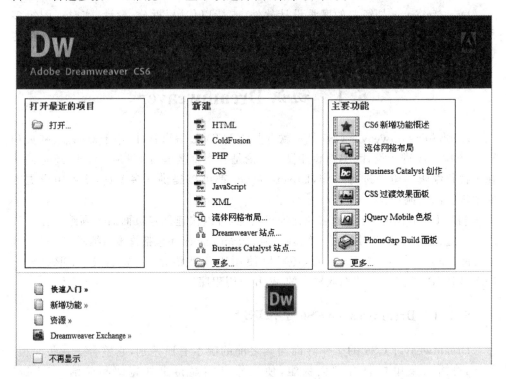

图 5-1 Dreamweaver CS6 欢迎界面

2. Dreamweaver CS6 的工作界面

Dreamweaver CS6 的工作界面主要由 7 个部分组成:标题栏、菜单栏、工具栏、工作区、属性面板、插入面板、面板组。

(1) 标题栏

标题栏位于整个工作界面的最上面,用于显示当前文件的名称,在右侧是最大化、最小化和关闭窗口 3 个按钮。

(2) 菜单栏

菜单栏包括"文件""编辑""查看""插入""修改""格式""命令""站点""窗口"和"帮助"10 个菜单,如图 5-2 所示。

图 5-2 菜单栏

1）文　件

用来管理文件，包括创建和保存文件、导入与导出文件、浏览和打印文件等。

2）编　辑

用来编辑文本，包括撤销与恢复、复制与粘贴、查找与替换、参数设置和快捷键设置等。

3）查　看

用来查看对象，包括代码的查看、网格线与标尺的显示、面板的隐藏和工具栏的显示等。

4）插　入

用来插入网页元素，包括插入图像、多媒体、AP DIV、框架、表格、表单、电子邮件链接、日期、特殊字符和标签等。

5）修　改

用来实现对页面元素修改的功能，包括页面元素、面板、快速标签编辑器、链接、表格、框架、导航条、AP DIV 的位置、对象的对齐方式、AP DIV 与表格的转换、模板、库和时间轴等。

6）格　式

用来对文本进行操作，包括字体、字形、字号、字体颜色、HTML/CSS 样式、段落格式化、扩展、缩进、列表和文本的对齐方式等。

7）命　令

收集了所有的附加命令项，包括应用记录、编辑命令清单、获得更多命令、插件管理器、应用源代码格式、清除 HTML/Word HTML、设置配色方案、格式化表格和表格排序等。

8）站　点

用来创建与管理站点，包括站点显示方式、新建、打开与自定义站点、上传与下载、登记与验证、查看链接和查找本地/远程站点等。

9）窗　口

用来打开与切换所有的面板和窗口，包括插入栏、属性面板、站点窗口和 CSS 面板等。

10）帮　助

内含 Dreamweaver 联机帮助、注册服务、技术支持中心和 Dreamweaver 的版本说明。

（3）工具栏

工具栏可以分为文档工具栏和标准工具栏。

1）文档工具栏

文档工具栏包括控制文档窗口视图的按钮和一些比较常用的工具按钮，用户可通过"代码""拆分""设计"和"实时视图"4 个按钮使工作区在不同的视图模式之间进行切换,如图5-3所示。

图5-3 文档工具栏

文档工具栏中各项目的功能是:
- "代码"按钮:显示HTML源代码视图。
- "拆分"按钮:同时显示HTML源代码和"设计"视图。
- "设计"按钮:是系统默认设置,只显示"设计"视图。
- "实时视图"按钮:显示不可编辑的、交互式的、基于浏览器的文档视图。
- "多屏幕"工具按钮:利用更新的"多屏幕预览"面板检查智能手机、平板电脑和台式机所建立项目的显示画面。
- "在浏览器中预览/调试"工具按钮:允许用户在浏览器中浏览或调试文档。
- "文件管理"工具按钮:当有多人对同一页面进行操作时,进行获取、取出、打开文件、导出和设计附注等操作。
- "验证标记"工具按钮:允许用户验证当前文档或选定的标签。
- "视图选项"工具按钮:允许用户为"代码"视图和"设计"视图设置选项,其中包括对哪个视图显示在上面进行选择。
- "可视化助理"工具按钮:允许用户使用不同的可视化助理来设计页面。
- "刷新设计视图"工具按钮:将"代码"视图中修改后的内容及时反映到文档窗口中。
- "标题"文本框:输入要在网页浏览器上显示的文档标题。

2) 标准工具栏

标准工具栏包括"新建文档""打开""在Bridge中浏览""保存""全部保存""打印代码""剪切""复制""粘贴""还原""重做"等一般文档编辑工具按钮,如图5-4所示。如果不经常使用这些命令,则可将此工具栏关闭,方法是:在工具栏的空白处右击,在弹出的快捷菜单中不选中"标准"即可。

图5-4 标准工具栏

标准工具栏中各项目的功能是:
- "新建文档"工具按钮:新建一个网页文档。

- "打开"工具按钮 :打开已保存的文档。
- "在 Bridge 中浏览"工具按钮 :在 Bridge 中浏览文件。
- "保存"工具按钮 :保存当前的编辑文档。
- "全部保存"工具按钮 :保存 Dreamweaver 中的所有文件。
- "打印代码"工具按钮 :自动打印代码。
- "剪切"工具按钮 :剪切工作区中被选中的文字和图像等对象。
- "复制"工具按钮 :复制工作区中被选中的文字和图像等对象。
- "粘贴"工具按钮 :把剪切或复制的文字和图像等对象粘贴到文档窗口内光标所在的位置。
- "还原"工具按钮 :撤销前一步的操作。
- "重做"工具按钮 :重新恢复取消的操作。

(4) 工作区

工作区是 Dreamweaver CS6 操作环境的主体部分,是创建和编辑文档内容,设置和编排页面内所有对象的区域。它包含标尺和状态栏 2 部分,如图 5-5 所示。

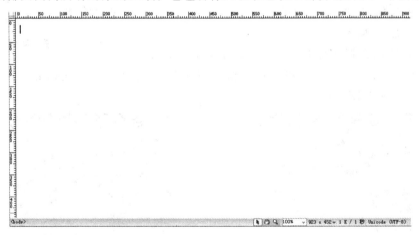

图 5-5 工作区

(5) 属性面板

属性面板主要用于查看和更改所选对象的各种属性,每种对象都具有不同的属性。属性面板可以分为 HTML 属性栏和 CSS 属性栏。

HTML 属性栏默认显示文本的格式、样式和对齐方式等属性,如图 5-6 所示。

图 5-6 HTML 属性栏

CSS 属性栏可以在 CSS 选项中设置各种属性，如图 5-7 所示。

图 5-7 CSS 属性栏

（6）插入面板

插入面板包含用于创建和插入对象（例如表格、图像和链接）的按钮。这些按钮按类型进行了分类，分成了"常用""布局""表单""数据""Spry""JQuery Mobile""InContext Editing""文本"和"收藏夹"，如图 5-8 所示。

图 5-8 插入面板

1)"常用"插入栏

"常用"插入栏用于创建和插入最常用的对象，例如图像和表格，如图 5-9 所示。

2)"布局"插入栏

"布局"插入栏用于插入表格、表格元素、div 标签、框架和 Spry 构件；还可以选择表格的两种视图：标准（默认）表格和扩展表格。"布局"插入栏如图 5-10 所示。

图 5-9 "常用"插入栏

图 5-10 "布局"插入栏

3)"表单"插入栏

"表单"插入栏可以定义表单和插入表单对象,如图 5-11 所示。

4)"数据"插入栏

"数据"插入栏可以插入 Spry 数据对象和其他动态元素,如图 5-12 所示。

图 5-11 "表单"插入栏　　图 5-12 "数据"插入栏

5)"Spry"插入栏

"Spry"插入栏包含一些用于构建 Spry 页面的按钮,如图 5-13 所示。

6)"JQuery Mobile"插入栏

"JQuery Mobile"插入栏用于为移动应用程序提供简单的用户接口,如图 5-14 所示。

图 5-13 "Spry"插入栏

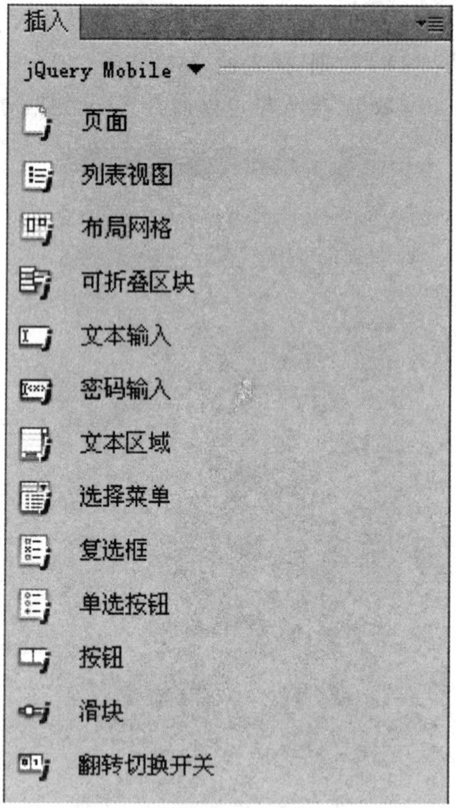

图 5-14 "JQuery Mobile"插入栏

7) "InContext Editing"插入栏

"InContext Editing"插入栏包含生成 InContext 编辑页面的按钮,包括用于可编辑区域、重复区域和管理 CSS 类的按钮,如图 5-15 所示。

8) "文本"插入栏

"文本"插入栏用于插入各种文本格式和列表格式的标签,如图 5-16 所示。

图 5-15 "InContext Editing"插入栏

9) "收藏夹"插入栏

"收藏夹"插入栏用于将插入面板中最常用的按钮分组和组织到某一公共位置。

(7) 面板组

在 Dreamweaver 工作界面的右侧排列着一些浮动面板,这些面板集中了网页编辑和站点管理过程中最常用的一些工具按钮。这些面板被集合到多个面板组中,每个面板组都可以展开或折叠,并可与其他面板停靠在一起或取消停靠。面板组还可停靠到集成的应用程序窗口中,这样,就能很容易地访问所需的面板,而不会使工作区变得混乱。面板组示意图如图 5-17 所示。

图 5-16 "文本"插入栏

图 5-17 面板组

5.1.2 Dreamweaver 常用快捷键

在操作 Dreamweaver 软件时,使用快捷键可以有效提高工作效率。Dreamweaver 有很多快捷键组合,但经常用到的却不多,本书将常用并应该掌握的快捷键组合汇总起来,如表 5-1 所列。

表 5-1 Dreamweaver 常用快捷键

快捷键	功能及说明
Ctrl+C	复制
Ctrl+X	剪切
Ctrl+V	粘贴
Ctrl+Z	撤销上一步操作

续表 5－1

快捷键	功能及说明
Ctrl＋Y	重做刚撤销的一步操作
Ctrl＋A	全部选中。在表格中按一下 Ctrl＋A 是选中单元格，按两下是选中表格
Ctrl＋N	新建一个文档
Ctrl＋S	保存文档
Ctrl＋Shift＋S	另存为
Ctrl＋W	关闭窗口
Ctrl＋Q	退出
Ctrl＋B	加粗选中文本，再次按下取消加粗
Ctrl＋I	使选中文本倾斜，再次按下取消倾斜
Ctrl＋F	调出查找/替换对话框
Ctrl＋M	在表格中插入一行，此时光标定位在表格内
M	选中表格中的几个单元格，按此键可将其合并
F12	在主浏览器中浏览页面
Ctrl＋F12	启动次浏览器
Shift＋Enter	插入一个换行，即插入
Ctrl＋Alt＋I	插入图片
Ctrl＋Alt＋T	插入表格
Ctrl＋Shift＋空格	插入空格

5.2 创建网站

创建网站，首先要规划和创建自己的站点，就像建楼房一样，一定要规划好房间的结构。

5.2.1 站点的概念

所谓站点，可以认为是网站文档与资源的集合，集合中的文档和资源按照链接建立一定的逻辑关系，并对资源进行分类管理。

5.2.2 站点的规划

创建站点之前一定先规划好自己的站点，将网站的各种资源分类，尽量保持结构清晰，便于对文件进行管理，例如，可以建立图片文件夹、音频文件夹、视频文件夹、模板文件夹和动画文件夹等,将各种资源存放到分类的文件夹中进行管理。

一个好的站点规划,可以帮助提高网站维护的效率,降低维护成本,有效防止文件管理的混乱。文件夹与文件的名称尽量采用英文或拼音,避免因中文名称而带来的地址无法正确显示等问题。

5.2.3 创建站点

创建站点的准备工作是:先在 E 盘新建一个文件夹,并命名为:myFirstSite。具体创建站点的步骤是:

① 启动 Dreamweaver CS6,在欢迎界面的"新建"栏中选择"Dreamweaver 站点",或者选择"新建"→"新建站点"菜单项,弹出"站点设置对象"对话框,如图 5-18 所示。

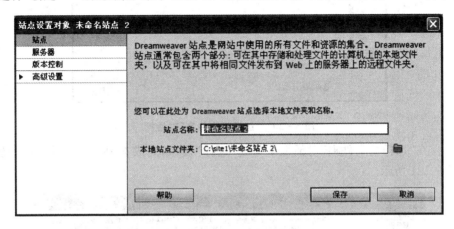

图 5-18 "站点设置对象"对话框

② 选择左侧区域的"站点"选项,在右侧区域的"站点名称"文本框中输入网站站点的名字,中英文均可,如输入"myFirstSite",如图 5-19 所示。

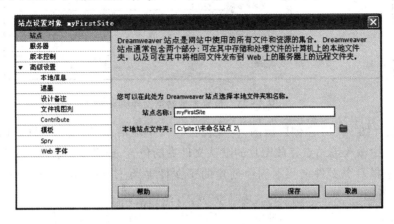

图 5-19 设置站点名称

③ 进行本地站点文件夹的设置。在"本地站点文件夹"文本框中输入路径和文件夹名,或者通过单击右侧的文件夹工具按钮 选择一个文件夹。如果本地根目录文件夹不存在,则可在"选择根文件夹"对话框中创建一个,然后再选择它,如图 5 – 20 所示。

图 5 – 20 "选择根文件夹"对话框

④ 在"选择根文件夹"对话框中单击"选择"按钮,完成本地站点文件夹的设置,如图 5 – 21 所示。

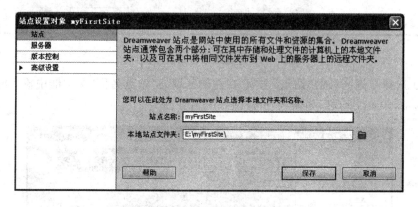

图 5 – 21 设置本地站点文件夹

⑤ 选择图 5 – 19 左侧区域的"高级设置"→"本地信息"选项,在"默认图像文件夹"文本框中输入该站点存放图片的默认文件夹的位置,或者单击右侧的文件夹工具按钮 ,选择一个文件夹。本例中创建的子文件夹为 E:\myFirstSite\images\,如图 5 – 22 所示。

⑥ 单击"保存"按钮,在右侧的"文件"面板中显示出刚刚创建的站点结构,如图 5 – 23 所示。

第 5 章 Dreamweaver 网页设计软件

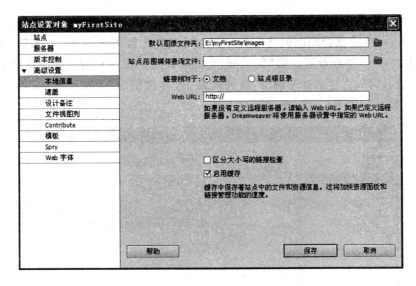

图 5-22 设置本地信息

图 5-23 创建的站点

5.2.4 管理站点

选择"站点"→"管理站点"菜单项,弹出"管理站点"对话框,可以对指定的站点进行新建、编辑和删除等操作,如图 5-24 所示。

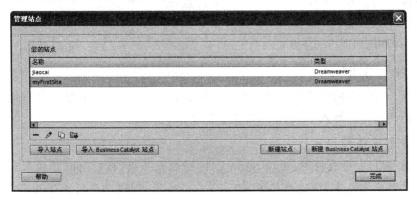

图 5-24 "管理站点"对话框

1. 编辑站点

在图 5-24 中选择刚刚创建的"myFirstSite"站点名,单击下面的"编辑"工具按钮 ,再次弹出"站点设置对象"对话框,在此可以对创建站点时设置的参数进行重新设定,并且可以通过选择左侧的"高级设置"→"本地信息"选项重新指定网站的"默认图像文件夹",如图 5-25 所示。

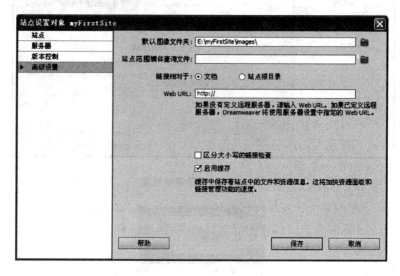

图 5-25 编辑站点

2. 复制站点

如果想创建一个与另一个站点结构完全一样的站点,则可直接复制该站点,这样可提高工作效率。如在图 5-24 中选中已有站点,直接单击"复制"工具按钮 即可。

3. 删除站点

当不再需要某一个站点时,可以及时将其从列表中删除。如在图 5-24 中选中要删除的站点,单击"删除"工具按钮 ,弹出删除确认对话框,单击"是"按钮即可,如图 5-26 所示。

图 5-26 删除确认对话框

4. 导入/导出站点

导出是将站点的定义信息记录在一个扩展名为".ste"的文件中单独存储。导入是导出的逆操作。导入/导出站点可以一次操作多个站点。

5. 创建文件夹

选择"窗口"→"文件"菜单项,打开文件/资源面板组,在"文件"选项卡空白处右击,选择"新建文件夹"快捷菜单项,如图 5-27 所示,创建一个名为"images"的文件夹和一个名为"flash"的文件夹。

至此,创建站点已经完成,最终效果图如图 5-28 所示。

图 5-27 新建文件夹

图 5-28 创建的本地站点

5.3 创建网页

创建好站点之后,就可以开始制作网页了。下面从创建一个简单的 HTML 文档开始。首先将文档中需要用的图片和动画分别放在站点下的 images 和 flash 文件夹中,如图 5-29 所示;然后按照以下步骤创建网页。

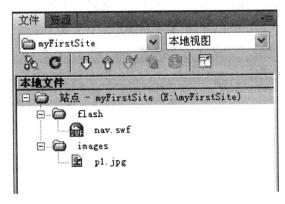

图 5-29 本地站点视图

5.3.1 新建 HTML 网页

首先,启动 Dreamweaver CS6,在欢迎界面中单击"新建"→"HTML",或者选择"文件"→"新建"→"HTML"菜单项,创建一个空白的网页文档,如图 5-30 所示,窗口标题栏默认显示"Untitled-1"。

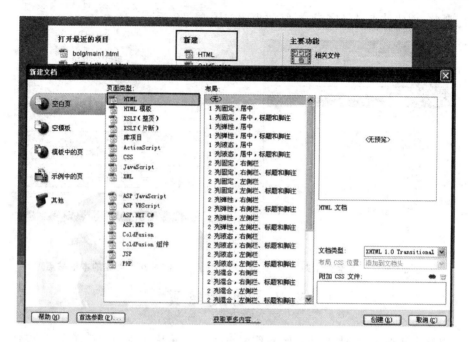

图 5-30 "新建文档"对话框

其次,选择"文件"→"保存"菜单项,在弹出的"另存为"对话框中输入文件名"index",此时可以发现,文件默认的存储位置为站点的文件夹,如图 5-31 所示。

最后,单击"保存"按钮即完成网页的新建。

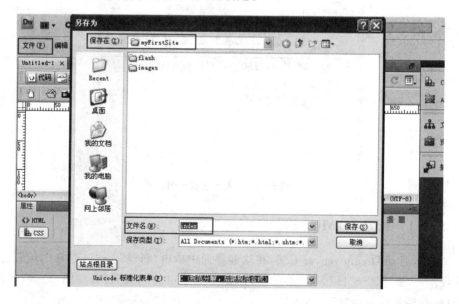

图 5-31 保存网页

5.3.2　编辑 HTML 文档

首先,切换到 index.html 文档的"设计"视图,在文档窗口中直接输入文本"这是我的第一个网页",选中输入的文本,在窗口下方的"属性"面板中将选项卡切换到"CSS",在选项中设置对齐方式为"居中对齐",字体为"黑体",字号为 36px,字体颜色为红色(♯F00),如图 5-32 所示。

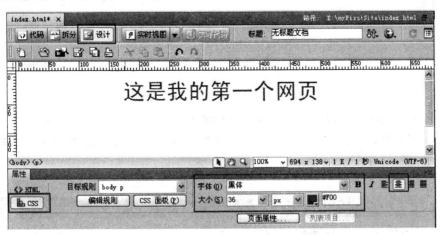

图 5-32　文本属性设置

其次,在文档窗口中按回车键切换段落,选择"插入"→"媒体"→"SWF"菜单项,弹出"选择文件"对话框,双击站点中的 flash 文件夹,选择名为"nav.swf"的动画文件,如图 5-33 所示。单击"确定"按钮,将准备好的 SWF 文件插入到文档中,此时会在站点

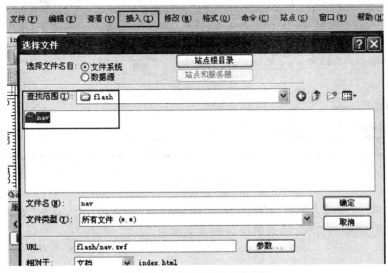

图 5-33　"选择文件"对话框

文件夹中自动生成一个名为 Scripts 的文件夹,它包含了一个 SWF 和一个 JS 文件。在"属性"面板中设置"nav.swf"为"居中对齐",插入动画后的站点效果如图 5-34 所示。

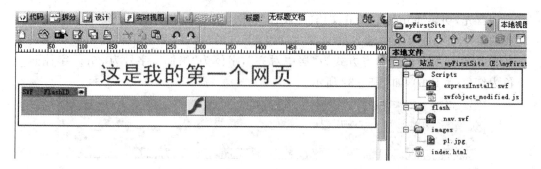

图 5-34　网页中插入 SWF 文件

再次,继续按回车键切换新段落,选择"插入"→"图像"菜单项,弹出"选择图像源文件"对话框,双击站点中的"images"文件夹,选择名为"p1.jpg"的图像文件,如图 5-35 所示。

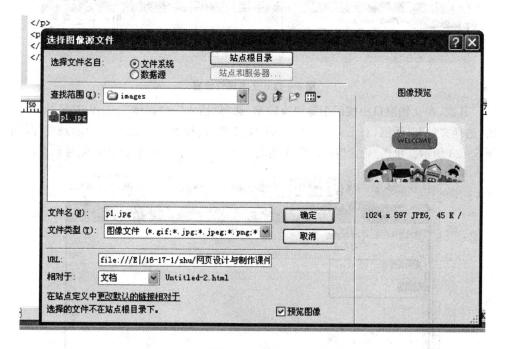

图 5-35　"选择图像源文件"对话框

最后,单击"确定"按钮,将图像插入到 SWF 文件的下一行,并在"属性"面板中设置该图像"居中对齐"。插入图像后的效果如图 5-36 所示。

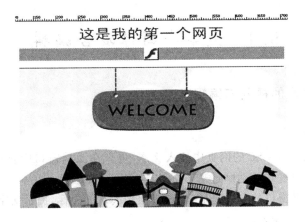

图 5-36　网页中插入图像

5.3.3　保存并浏览网页

① 选择"文件"→"保存"菜单项,或者利用快捷键<Ctrl+S>完成保存操作。

② 选择"文件"→"在浏览器中预览"菜单项,选择一种浏览器进行网页浏览,或者利用快捷键 F12 直接调用默认浏览器,也可以单击"在浏览器中预览/调试"工具按钮 来浏览网页。

本例创建网页的最终效果如图 5-37 所示。

图 5-37　创建网页的最终效果

5.4 文本与图像混合编辑

5.4.1 文本的插入与编辑

1. 插入文本

在 Dreamweaver CS6 的网页中插入文本,可以在文档窗口中直接输入文本,也可以从其他文档中复制并粘贴过来,还可以从 Word 文档导入文本。

单击文档编辑窗口的空白区域,窗口中出现闪动的光标,提示文字输入的起始位置,这时可进行文字输入。

2. 编辑文本

网页的文本分为段落和标题两种格式。

在文档编辑窗口中选中一段文本,在"属性"面板的"格式"下拉列表框中选择"段落",把选中的文本设置成段落格式,如图 5-38 所示。

"格式"下拉列表框中的"标题1"~"标题6"分别表示各级标题,应用于网页的标题部分。标题文字全部加粗,且对应的字体由大到小。

另外,在"属性"面板中还可以定义文字的字号、颜色、加粗、加斜和水平对齐等内容。

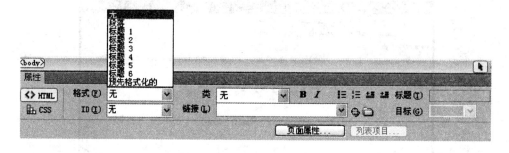

图 5-38 文本属性

3. 设置字体

在文档编辑窗口中右击,弹出快捷菜单,如图 5-39 所示,选择"编辑字体列表"菜单项,弹出"编辑字体列表"对话框,如图 5-40 所示。在"可用字体"列表框中选择需要的字体,单击 按钮,则选中的字体显示到"选择的字体"列表框中。至此,该字体在网页中即可使用了。

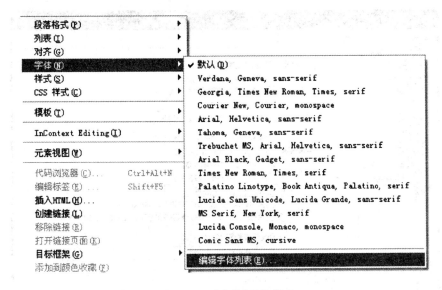

图 5-39 "字体"快捷菜单

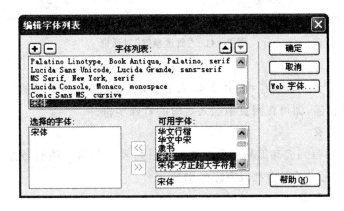

图 5-40 "编辑字体列表"对话框

4. 文字的其他设置

(1) 文本换行

按 Enter 键换行的行距较大,因为会在代码区产生<p></p>标签。按 Shift+Enter 组合键将产生
标签的代码,得到的行距较小。

(2) 文本空格

有两种方法实现文本空格:一种是在文档编辑窗口中按"Ctrl+Shift+空格"组合键,每按一次产生的空格大小是 1 字节。另一种方法是选择"编辑"→"首选参数"菜单项,在弹出的"首选参数"对话框的"分类"列表框中选择"常规"选项,在右侧"常规"参数设置区域中选中"允许多个连续的空格"复选框,即可直接按空格键在文本中添加空格,如图 5-41 所示。

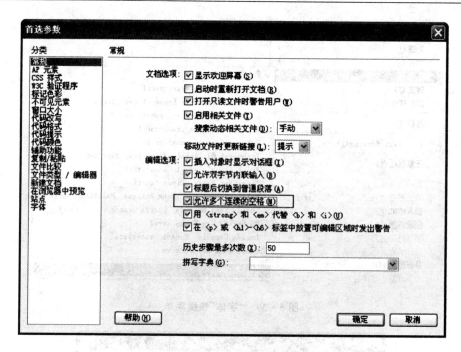

图 5-41 "首选参数"对话框

(3) 特殊字符

单击"插入"浮动面板组中的"文本"按钮,弹出如图 5-16 所示的"文本"插入栏,单击 按钮,即可在网页中插入对应的特殊字符。

(4) 插入列表

列表分为项目列表和编号列表两种。项目列表 的每一项前面都以符号显示,编号列表 的每一项前面都以有序号引导。

(5) 插入水平线

水平线起到分隔文本的排版作用。在"插入"浮动面板组中的"常用"插入栏中,单击"水平线"工具按钮 ,即可向网页中插入水平线。

(6) 插入时间

在"插入"浮动面板组中的"常用"插入栏中,单击"日期"工具按钮 ,在弹出的"插入日期"对话框中选择对应的日期格式,完成时间的插入。

5.4.2 文本操作案例

要求:利用 Dreamweaver CS6 制作一个文本网页,页面效果如图 5-42 所示。

准备工作:先在"我的电脑"的某个盘中创建文件夹,命名为:MySite2,然后在该文件夹内新建 images 子文件夹,复制案例需要使用的图像文件到 images 子文件夹中。

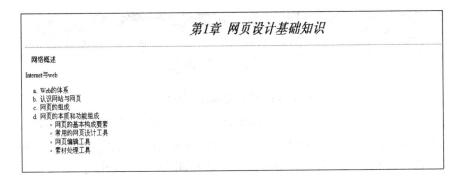

图 5-42 文本网页最终效果

文本操作的具体步骤是：

① 创建一个本地站点，站点名字为：MySite2。
② 在 MySite2 站点下，新建一个"page.html"文档。
③ 在"page.html"文档中录入文字信息，如图 5-43 所示。
④ 在图 5-3 的文档工具栏上，在"标题"文本框中输入"文本图像混编"。

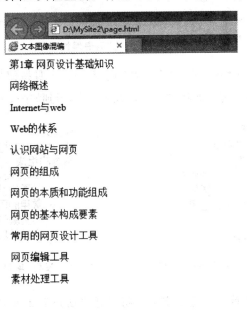

图 5-43 录入文字信息

⑤ 在"属性"面板上单击"CSS"按钮，如图 5-44 所示，开始设置文本的字体样式。设置"第 1 章　网页设计基础知识"为标题 h1、宋体、蓝色、粗体、斜体，居中显示；第 2 行设置为 16 号、幼园、粗体、红色。
⑥ 单击第一行文字的末尾，选择"插入"→"HTML"→"水平线"菜单项，插入水平线。

属性
HTML
CSS
目标规则
h1
编辑规则
CSS 面板(P)
字体(O)
宋体
大小(S)
无
#00F
页面属性...

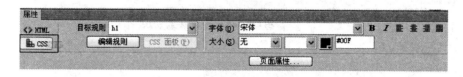

图 5-44　设置文本的字体样式

⑦ 在“属性”面板中单击“HTML”按钮，切换回 HTML 模式，选中从文本的第 4 行到页面的最后一行，单击工具按钮，设置这些内容为“编号列表”，在图 5-45 中设置编号列表的样式为“小写字母(a,b,c…)”，最终效果如图 5-46 所示。

列表属性
列表类型(T):
编号列表
样式(S):
小写字母 (a, b, c.
开始计数(C):
(数字)
列表项目
新建样式(N):
[默认]
重设计数(R):
(数字)
确定
取消
帮助

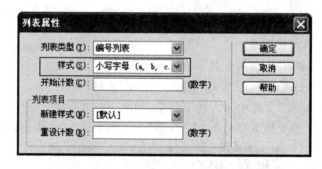

图 5-45　设置“列表属性”

⑧ 选中图 5-46 中编号“e”至“h”的文本内容，单击工具按钮将这些内容设置为“项目列表”，接着单击工具按钮进行文本缩进一次，得到如图 5-47 所示的效果。

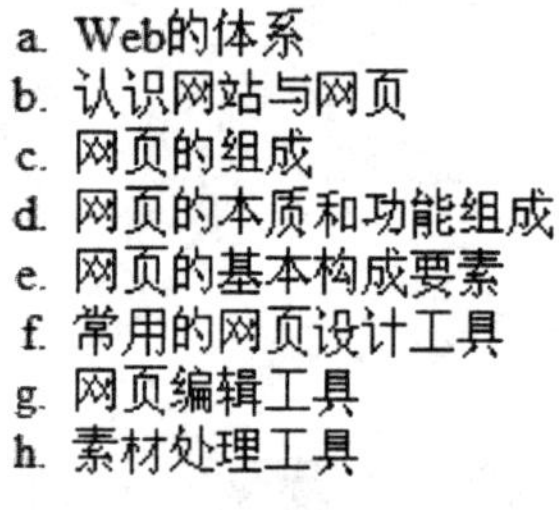

a. Web的体系
b. 认识网站与网页
c. 网页的组成
d. 网页的本质和功能组成
e. 网页的基本构成要素
f. 常用的网页设计工具
g. 网页编辑工具
h. 素材处理工具

图 5-46　设置“编号列表”效果

a. Web的体系
b. 认识网站与网页
c. 网页的组成
d. 网页的本质和功能组成
◦ 网页的基本构成要素
◦ 常用的网页设计工具
◦ 网页编辑工具
◦ 素材处理工具

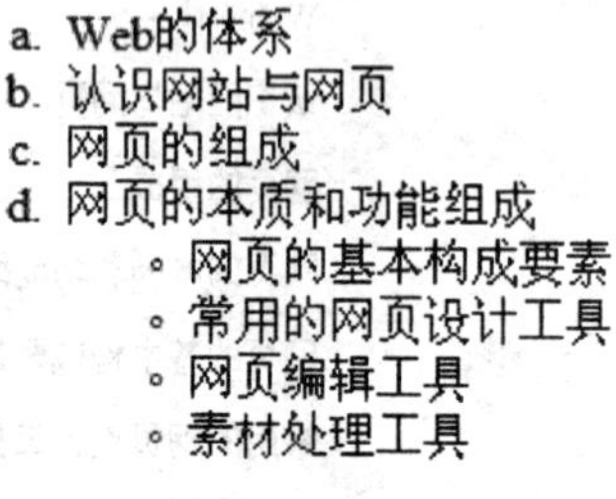

图 5-47　设置“项目列表”和缩进效果

⑨ 将第 2 行文本首行缩进 2 字节。将光标移动到第 2 行文本的前面，按“Ctrl+Shift+空格”组合键 2 次，则达到效果。最后，按 F12 键浏览文本操作的最终效果。

5.4.3　图像的插入与编辑

1. 插入图像

在制作网页时，先要构想好网页的页面布局，并在图像处理软件中对需要插入的图像进行处理，然后存储到站点根目录的 images 文件夹中。

注意:插入的图像文件要求在站点目录内,以方便站点移植。

有3种插入图像的方式:

① 选择"插入"→"图像"菜单项,在弹出的对话框中选择插入的图像。

② 在"常用"插入栏中单击"图像"工具按钮,然后选择待插入的图像。

③ 在站点的"文件资源管理器"中选择待插入的图像,然后拖动图像到网页的对应位置。

第③种方法最为简单直接,建议大家使用。

2. 设置图像属性

选中图像后,在"属性"面板中显示出图像的属性,如图5-48所示。在"属性"面板中可以编辑图像的尺寸和设置图像的文本说明。

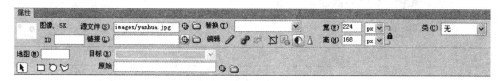

图 5-48　图像的"属性"面板

如果要对图像设置对齐方式和边框等信息,则需选中图像后右击,在弹出的快捷菜单中选择 编辑标签(E) <img>... Shift+F5,或者按 Shift+F5 键进入标签编辑器来进行相关的操作。图像的标签编辑器如图5-49所示。

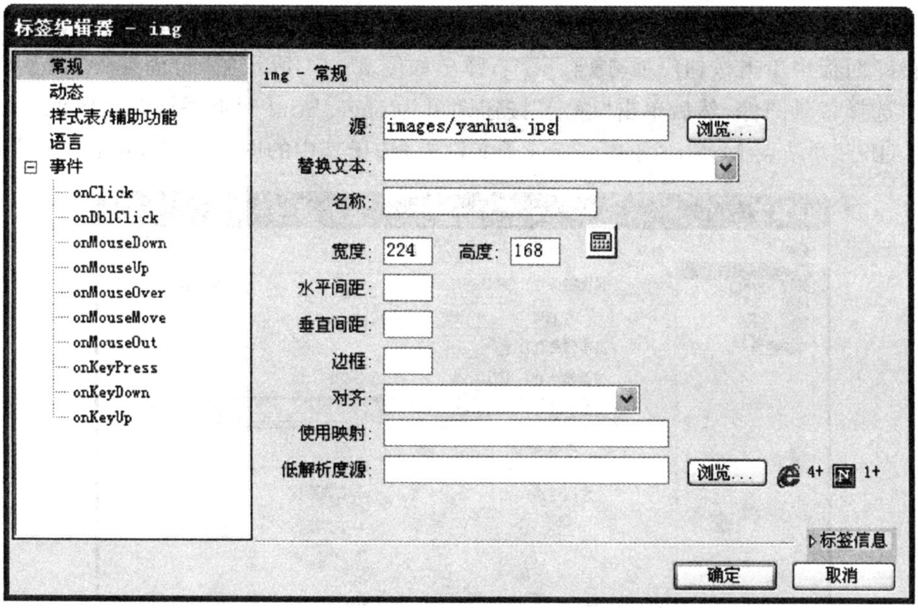

图 5-49　图像的标签编辑器

5.4.4 图像操作案例

要求:继续在 page.html 页面中进行图像操作,页面效果如图 5-50 所示。

图 5-50 图像操作最终效果

图像操作的具体步骤是:

① 打开站点 MySite2,选择"站点"→"管理站点"菜单项,选择"MySite2"站点,单击"完成"按钮,进入该站点。

② 双击"page.html"打开网页。

③ 在"page.html"网页中设置背景图像。单击"page.html"网页的空白区域,在"属性"面板中单击按钮 页面属性... ,弹出如图 5-51 所示的"页面属性"对话框,此时选择背景图像,然后单击"确定"按钮即可为 page.html 网页添加背景图像。

④ 打开站点 MySite2 的 images 子文件夹,选择其中的图像文件 photo.gif 并拖

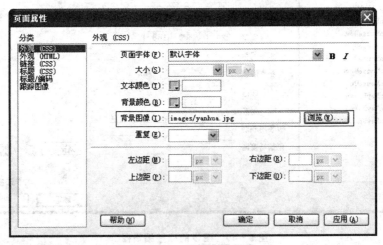

图 5-51 设置背景图像

动到网页第 2 行文本的最前端(红色文字的那行)。

⑤ 设置图像的文字说明、边框和对齐方式。选择网页中的图像"photo.gif",右击并选择"编辑标签"快捷菜单项,打开图像标签编辑器对话框,如图 5-52 所示。在对话框的"替换文本"和"名称"文本框中输入"文本图像混编",设置"边框"为 1,"对齐"为"左对齐"。

⑥ 选择网页的所有"项目列表"内容,单击工具按钮 进行缩进操作,直至这些内容不被图像"photo.gif"遮挡为止,最终效果如图 5-50 所示。

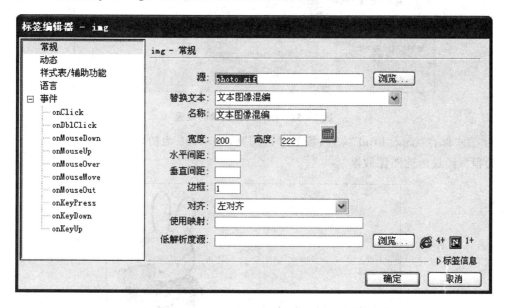

图 5-52　图像设置

⑦ 保存网页文件"page.html",按 F12 键浏览,插入图像的效果如图 5-53 所示。

图 5-53　插入图像效果

⑧ 单击网页的第 1 行末尾(即"第 1 章　网页设计基础知识"),在此位置插入

"鼠标经过图像"功能,即当光标移动到该图像时,图像将发生改变。选择"插入"→"图像对象"→"鼠标经过图像"菜单项,在弹出的"插入鼠标经过图像"对话框中按图5-54中的内容设置信息。

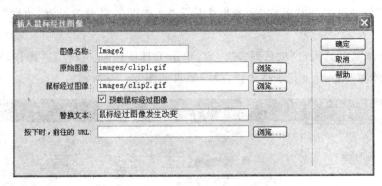

图5-54　鼠标经过图像的设置

⑨ 保存"page.html"文件,按F12键浏览,图5-55为初始图像的效果,图5-56为鼠标经过后的图像效果。

图5-55　初始图像

图5-56　鼠标经过后的图像

5.5 创建超链接

5.5.1 超链接分类

超链接指从一个网页指向一个目标的链接关系,该目标可以是另一个网页,也可以是相同网页上的不同位置,还可以是一个图片、一个电子邮件地址、一个文件,甚至是一个应用程序。超链接由两部分组成:链接载体和链接目标。

如果按链接目标分类,则可以将超链接分为以下5种类型:
① 文本/图像链接:为文本或图像创建的链接。
② 图像热点链接:一幅图像不同热点区域的链接。
③ 电子邮件链接:发送电子邮件的链接。
④ 锚点链接:同一网页或不同网页中指定位置的链接。
⑤ 空链接:有链接的手指形状,无链接目标。

5.5.2 超链接操作案例

要求:将超链接的5种类型全部应用到网站中,页面效果如图5-57所示。

图5-57 链接操作最终效果

准备工作:先在"我的电脑"的某个盘中创建文件夹,并命名为:MySite3,然后在该文件夹内新建images子文件夹,复制案例需要使用的图像到images子文件夹中。

超链接操作的具体步骤是：
① 创建一个本地站点，站点名字为：MySite3。
② 在 MySite3 站点下，复制对应的 images 子文件夹以及 3 个网页文件 link2.html、liuyanban.html、photo.html 到站点根目录下。
③ 新建一个"index.html"网页，将 images 子文件夹中的"bjtu.jpg"拖动到"index.html"文档中。
④ 单击网页右侧的空白区域，切换"属性"面板至"CSS"，单击"居中对齐"工具按钮▤，如图 5-58 所示。

图 5-58　图像居中对齐

⑤ 设置图像热点链接。为图像中"我的留言板"添加超链接"liuyanban.html"，为"宠物相册"添加超链接"photo.html"，为相框添加超链接"images/dogpic.jpg"。选择网页中的图像，使用"属性"面板中最下端的图像热点工具按钮▥ ▢◯▽设置超链接。

⑥ 单击▥ ▢◯▽中的矩形工具按钮，将图像中的 [我的留言板] 框好，然后在"属性"面板中单击工具按钮◉并拖动至右侧站点根目录下的网页 liuyanban.html 中，完成图像超链接的设置，如图 5-59 所示。

按照相同的方法将 [宠物相册] 的超链接设置为网页 photo.html。

⑦ 单击▥ ▢◯▽中的矩形工具按钮，将网页中的相框框好。将热点链接成相框的形状，形成如图 5-60 所示的效果。最后将该图像热点的链接设置为照片 images/dogpic.jpg。

⑧ 单击网页右侧的空白区域，按 Shift+Enter 键换行，然后在图像的正下方输

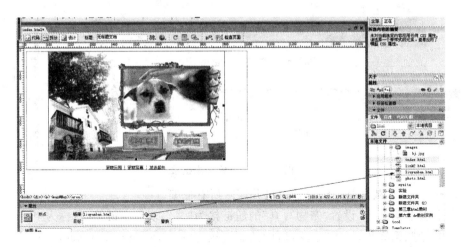

图 5-59 设置图像热点链接

图 5-60 多边形图像热点

入文字信息。

⑨ 设置"宠物乐园"链接。选中"宠物乐园"文字,切换"属性"面板至 HTML 模式,在"链接"下拉列表框中输入"http://www.boqii.com/",设置"目标"为"_blank",完成对文本链接的设置,如图 5-61 所示。

"目标"下拉列表框中有多个选项:
- _blank:加载到新的浏览器窗口中打开链接。
- _parent:加载到父窗口或包含该链接的窗口中打开链接。
- _self:加载到与该链接文字相同的窗口中打开链接。

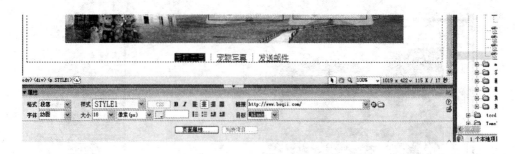

图 5-61 设置文本链接

- _top:加载到整个浏览器窗口并删除所有框架。
⑩ 参照第⑨步,设置"宠物写真"的超链接为"#",表示空链接,目标为空。
⑪ 参照第⑨步,设置"发送邮件"的超链接为"mailto:xinwenzx@sina.com"。
最后,保存"index.htm"文件,按 F12 键浏览链接效果,如图 5-57 所示。
有些网页的内容较多,页面可能较长,为了方便浏览,可以在页面中创建锚点链接,步骤是:

① 在 Dreamweaver CS6 软件中打开站点 MySite3 中的"link2.htm"网页。
② 单击 第一回:灵根育孕源流出 心性修持大道生 文本的最前端,在此位置上插入命名锚点,方法是:选择"插入"→"命名锚点"菜单项,或者按组合键 Ctrl+Alt+A 添加命名锚点,在弹出的"命名锚记"对话框中设置新锚点名为"a",如图 5-62 所示。此时,文本前面新增一个锚点标记,如 第一回:灵根育孕源流出 心性修持大道生 ,但在浏览网页时该锚点标记不会显示。

图 5-62 命名锚记名称

③ 选中"link2.htm"网页中的文本内容"第一回",将"属性"面板切换到 HTML 模式,在"链接"下拉列表框中输入"#a",表示将文本内容"第一回"链接到锚点"a"上。当用户单击"第一回"时,页面将快速跳转至网页内容 第一回:灵根育孕源流出 心性修持大道生 处。
④ 参照第③步,设置"第二回"和"第三回"的锚点链接。
⑤ 保存"link2.htm"网页文件,按 F12 键查看效果。

5.6 表格处理

表格是网页设计与制作不可缺少的元素,它可以简洁明了、高效快捷地将文字、图片、数据和表单等元素有序地显示在页面上。用户可通过表格对网页进行排版,设计出漂亮的页面。这种使用表格设计的网页有较好的兼容性,在不同平台、不同分辨率的浏览器中都能保持其原有的布局,因此表格是网页中常用的排版方式之一。

5.6.1 表格的插入与编辑

1. 插入表格

在文档窗口中,将光标放在需要创建表格的位置,在"插入"浮动面板组中单击"常用"按钮,将显示如图 5-9 所示的"常用"插入栏,单击"常用"插入栏中的"表格"工具按钮,弹出"表格"对话框,如图 5-63 所示。填好表格的参数后,在文档窗口中即插入了设置好的表格。另外,选择"插入"→"表格"菜单项也能完成表格的插入操作。

图 5-63 "表格"对话框

"表格"对话框中各选项的含义是:
- 行数:表格的行数;
- 列:表格的列数;
- 表格宽度:输入数值设置表格的宽度,有百分比和像素两个选项,当宽度为百分比时,表格的宽度会随浏览器窗口的大小而变化;
- 边框粗细:表格边框的宽度;
- 单元格边距:单元格内部空白的大小;

- 单元格间距:单元格与单元格之间的距离;
- 标题:设置表格的标题,有 4 种设置方式;
- 摘要:对表格进行注释。

图 5-64 描绘了表格的具体形态。

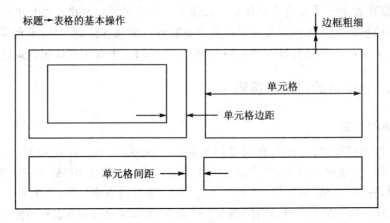

图 5-64 表格的具体形态

2. 选择单元格对象

(1) 选择表格

① 将光标放在表格边框的任意处,当出现 ⇔ 标志时单击即可选中整个表格;

② 在表格内任意处单击,然后在状态栏中选中＜table＞标签即可,如图 5-65 所示;

③ 在表格单元格的任意处右击,在弹出的快捷菜单中选择"表格"→"选择表格"菜单项。

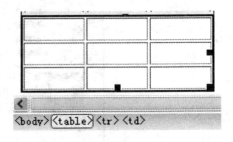

图 5-65 利用状态栏选择表格

(2) 选择一个单元格

按住 Ctrl 键,在需要选中的单元格处单击即可;或者选中图 5-65 状态栏中的＜td＞标签。

(3) 选择多个单元格

① 若选择连续的单元格,则按住鼠标左键,从一个单元格的左上方开始,向要连续选择单元格的方向拖动;

② 若选择不连续的单元格,则按住 Ctrl 键,单击要选择的单元格即可。

(4) 选择某一行或某一列

将光标移动到行左侧或列上方,当光标指针变为向右或向下的箭头图标时单击即可。

3. 编辑行列

（1）插入行或列

右击要插入行或列的单元格，在弹出的快捷菜单中选择"插入行""插入列"或"插入行或列"菜单项，如图 5-66 所示。"插入行"在选择行的上方插入空白行，"插入列"在选择列的左侧插入空白列。

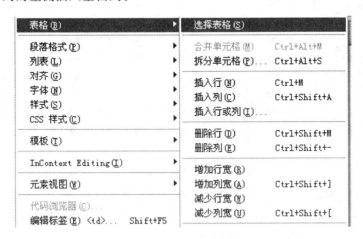

图 5-66　表格的快捷菜单

（2）删除行或列

右击要删除的行或列，在弹出的如图 5-66 所示的快捷菜单中选择"删除行"或"删除列"菜单项。

（3）拆分单元格

将光标放在待拆分的单元格内，单击"属性"面板上的拆分工具按钮 ，或者右击，在如图 5-66 所示的快捷菜单中选择"拆分单元格"菜单项，在弹出的"拆分单元格"对话框（见图 5-67）中设置拆分信息。

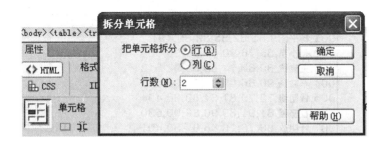

图 5-67　"拆分单元格"对话框

（4）合并单元格

选中要合并的单元格，单击"属性"面板中的"合并"工具按钮 完成合并。

5.6.2 表格操作案例

要求：利用 Dreamweaver CS6 制作一个表格网页，页面效果如图 5-68 所示。

第一小组期中考试成绩表	学号	姓名	高等数学	大学语文	英语	德育	体育	计算机	总分
	007	叶明放	86	76	78	86	85	80	491
	001	杨平	88	65	82	85	82	89	491
	005	钱明明	73	79	87	87	80	88	494
	008	周学军	69	68	86	84	90	99	496
	003	王晓杭	89	87	77	85	83	92	513
	004	李立扬	90	86	89	89	75	96	525
	006	程坚强	81	91	89	90	89	90	530
	002	张小东	85	76	90	87	99	95	532

图 5-68 表格网页最终效果

准备工作：先在"我的电脑"的某个盘中创建文件夹，命名为：MySite4，然后在该文件夹内新建 images 和 sucai 两个子文件夹，复制相应的图像文件到 images 文件夹中，复制"表格.txt"文件到 sucai 文件夹中。

表格操作的具体步骤是：

① 创建一个本地站点，站点名字为：MySite4。

② 在 MySite4 站点下，新建一个"table.html"文档。

③ 将图 5-69 的"表格.txt"文档内容导入到"table.html"网页中，以表格形式显示。选择"插入"→"表格对象"→"导入表格式数据"菜单项，弹出如图 5-70 所示的对话框，单击"数据文件"文本框后面的 浏览 按钮，选择"sucai/表格.txt"作为数据文件。因为原始"表格.txt"文档中的内容用","分隔，所以一定要选择"定界符"为"逗点"。最后设置边框为1，使得整个表格具有边框，如图 5-71 所示。

```
学号,姓名,高等数学,大学语文,英语,德育,体育,计算机,总分
001,杨平,88,65,82,85,82,89,491
002,张小东,85,76,90,87,99,95,532
003,王晓杭,89,87,77,85,83,92,513
004,李立扬,90,86,89,89,75,96,525
005,钱明明,73,79,87,87,80,88,494
006,程坚强,81,91,89,90,89,90,530
007,叶明放,86,76,78,86,85,80,491
```

图 5-69 "表格.txt"的文档内容

④ 把光标放在表格边框的任意处，当出现 ◄╫► 标志时单击选中整个表格。在"属性"面板中设置对齐方式为"居中对齐"，使得表格位于网页的中间。

⑤ 为表格添加背景。利用第④步的方法选择整个表格，然后按快捷键 Shift+

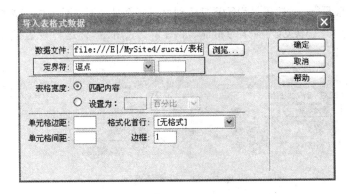

图 5-70 "导入表格式数据"对话框设置

学号	姓名	高等数学	大学语文	英语	德育	体育	计算机	总分
001	杨平	88	65	82	85	82	89	491
002	张小东	85	76	90	87	99	95	532
003	王晓杭	89	87	77	85	83	92	513
004	李立扬	90	86	89	89	75	96	525
005	钱明明	73	79	87	87	80	88	494
006	程坚强	81	91	89	90	90	89	530
007	叶明放	86	76	78	86	75	90	491
008	周学军	69	68	86	84	90	99	496

图 5-71 导入后的表格效果

F5 打开"标签编辑器"。在弹出的对话框中,先选择左侧的"浏览器特定的"选项,在右侧设置"背景图像",如图 5-72 所示。

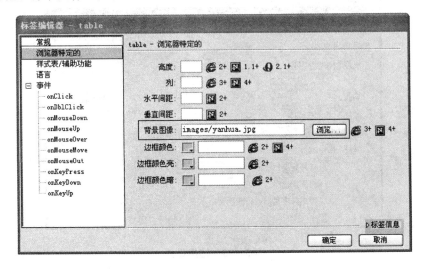

图 5-72 设置背景图像

⑥ 设置标题行。将"属性"面板切换到"CSS"模式,选中网页中表格的第 1 行,设置背景颜色为♯CCCCCC,字体为粗体,如图 5-73 所示,标题行设置效果如图 5-74 所示。

图 5-73 设置标题行

学号	姓名	高等数学	大学语文	英语	德育	体育	计算机	总分
001	杨平	88	65	82	85	82	89	491
002	张小东	85	76	90	87	99	95	532
003	王晓杭	89	87	77	85	83	92	513
004	李立杨	90	86	89	89	75	96	525
005	钱明明	73	79	87	87	80	88	494
006	程坚强	81	91	89	90	89	90	530
007	叶明放	86	76	78	86	85	80	491
008	周学军	69	68	86	84	90	99	496

图 5-74 标题行效果

⑦ 对表格中的总分进行升序排列。单击表格的任意位置,选择"命令"→"排序表格"菜单项,按图 5-75 设置排序,得到如图 5-76 所示的最终效果。

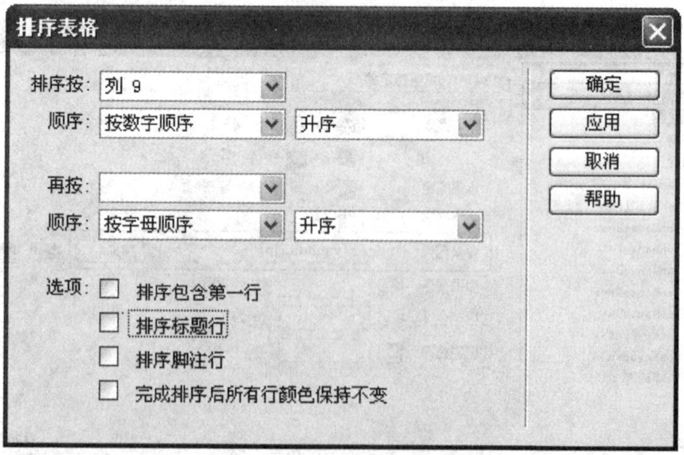

图 5-75 排序设置

学号	姓名	高等数学	大学语文	英语	德育	体育	计算机	总分
007	叶明放	86	76	78	86	85	80	491
001	杨平	88	65	82	85	82	89	491
005	钱明明	73	79	87	87	80	88	494
008	周学军	69	68	86	84	90	99	496
003	王晓杭	89	87	77	85	83	92	513
004	李立扬	90	86	89	89	75	96	525
006	程坚强	81	91	89	90	89	90	530
002	张小东	85	76	90	87	99	95	532

图 5-76 升序后的表格效果

⑧ 在表格的第 1 列前插入 1 个空白列。右击表格的第 1 列,在弹出的快捷菜单中选择"插入列"菜单项,则新的空白列插入到第 1 列的左侧,如图 5-77 所示。

⑨ 调整空白列的宽度。选择空白列,在 HTML 模式的"属性"面板中设置该列的宽度为 80,得到如图 5-78 所示的样式。

	学号	姓名	高等数学	大学语文	英语	德育	体育	计算机	总分
	007	叶明放	86	76	78	86	85	80	491
	001	杨平	88	65	82	85	82	89	491
	005	钱明明	73	79	87	87	80	88	494
	008	周学军	69	68	86	84	90	99	496
	003	王晓杭	89	87	77	85	83	92	513
	004	李立扬	90	86	89	89	75	96	525
	006	程坚强	81	91	89	90	89	90	530
	002	张小东	85	76	90	87	99	95	532

图 5-77 插入空白列

	学号	姓名	高等数学	大学语文	英语	德育	体育	计算机	总分
	007	叶明放	86	76	78	86	85	80	491
	001	杨平	88	65	82	85	82	89	491
	005	钱明明	73	79	87	87	80	88	494
	008	周学军	69	68	86	84	90	99	496
	003	王晓杭	89	87	77	85	83	92	513
	004	李立扬	90	86	89	89	75	96	525
	006	程坚强	81	91	89	90	89	90	530
	002	张小东	85	76	90	87	99	95	532

图 5-78 调整空白列宽度

⑩ 合并第1列单元格。选择空白列,单击HTML模式的"属性"面板中的▭工具按钮,实现空白列的合并。在合并后的单元格内输入文字"第一小组期中考试成绩表",最终显示效果如图5-68所示。

⑪ 导出排序后的表格数据为文档。单击表格中的任意位置,选择"文件"→"导出"→"表格"菜单项,在弹出的对话框中按图5-79进行设置,以"逗点"作为单元格内容的分隔,单击"导出"按钮,将表格数据保存到站点MySite4下的sucai文件夹内,并命名为newtable.txt,如图5-80所示。

⑫ 打开站点MySite4下sucai文件夹内的"newtable.txt"文档,查看导出文档的效果。

图5-79 导出表格设置

图5-80 表格导出的保存设置

5.7 AP DIV 的应用

AP DIV 通常是绝对定位的 div 标签,是一种可以插入各种网页对象、可以自由定位和精确定位以及容易控制的容器。AP DIV 一般也称为层,实际上就是一个网页子页面。在 AP DIV 中,可以嵌套其他的 AP DIV。AP DIV 可以重叠,可以控制对象的位置和内容,从而实现网页对象的重叠和立体化等特效,还可以实现网页的动画和交互。

5.7.1 AP DIV 的创建与属性设置

1. 创建 AP DIV

AP DIV 分为普通 AP DIV 和嵌套 AP DIV。创建 AP DIV 的方法有3种。

(1) 插入 AP DIV 元素

先在网页中单击待插入的位置,然后选择"插入"→"布局对象"→"AP DIV"菜单项,完成在网页中插入 AP DIV 元素的操作。

第5章 Dreamweaver 网页设计软件

(2) 绘制 AP DIV 元素

在"插入"面板组中单击"布局"按钮，弹出"布局"插入栏，如图 5-10 所示。单击 ![绘制 AP Div] 工具按钮，然后在网页的设计窗口中，当光标指针变成十字光标时，按住鼠标左键并拖动，拖出一个矩形，矩形的大小就是 AP DIV 的大小。释放鼠标后即完成 AP DIV 元素的绘制。

(3) 拖放 AP DIV 元素

在"布局"插入栏中单击 ![绘制 AP Div] 工具按钮并保持不放，将其拖动至网页窗口中释放，AP DIV 元素即出现在网页中。

(4) 创建嵌套 AP DIV 元素

创建嵌套 AP DIV 元素就是在一个 AP DIV 元素中插入另一个 AP DIV 元素。创建方法是：将光标放在已有的 AP DIV 元素内，然后选择"插入"→"布局对象"→"AP DIV"菜单项，嵌套 AP DIV 元素即创建完成。

2. 设置 AP DIV 的属性

选中要设置属性的 AP DIV 元素，在"属性"面板中设置 AP DIV 的属性，其"属性"面板如图 5-81 所示。

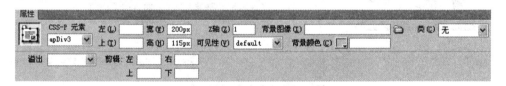

图 5-81 AP DIV 的"属性"面板

AP DIV 的属性包括：

- 左：设置 AP DIV 的左边缘。输入一个数值，要带上单位 px。
- 上：设置 AP DIV 的顶部边缘。输入一个数值，要带上单位 px。
- 宽：设置 AP DIV 内容区域的宽度。输入一个数值，要带上单位 px。
- 高：设置 AP DIV 内容区域的高度。输入一个数值，要带上单位 px。
- Z 轴：设置 AP DIV 的层叠顺序。输入一个数值，不需要单位。
- 可见性：设置 AP DIV 是否可见。在下拉列表框中任选一项。有 4 种选项：default(默认)、inherit(继承)、visible(显示)、hidden(隐藏)。
- 背景图像：设置 AP DIV 的背景图像。直接输入图像的 URL 地址，或者单击右侧的文件夹按钮，选择图像文件。
- 背景颜色：设置 AP DIV 的背景颜色。
- 溢出：设置 AP DIV 的内容超过其指定高度及宽度时的处理方式。有 4 种选项：visible(显示)、hidden(隐藏)、scroll(滚动条)、auto(自动)。
- 剪辑：对 AP DIV 包含的内容进行剪切。包括"左""右""上""下"4 项，可以分别输入一个数值，要带上单位 px。

5.7.2　AP DIV 操作案例

要求：利用 Dreamweaver CS6 创建拼图游戏，实现图像在网页中随意拖动，页面效果如图 5-82 所示。

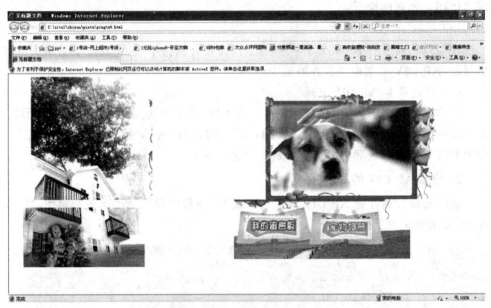

图 5-82　拼图游戏最初效果

准备工作：先在"我的电脑"中的某个盘上创建文件夹，命名为：MySite5，在该文件夹内新建 images 子文件夹，复制"bjtu.jpg"图像文件到 images CS6 文件夹中。

AP DIV 操作的具体步骤是：

① 打开 Photoshop 或 Fireworks 软件，利用切图工具将图 5-83（"bjtu.jpg"）切成 4 片，如图 5-84 所示。

图 5-83　原始图

图 5-84　切成 4 片

② 保存切片后的图像。选择"文件"→"存储为 Web 所用格式"菜单项,在弹出的对话框中选择"文件格式"为"JPEG",然后单击 存储 按钮实现图像保存。切片后的图像保存到用户指定的位置,图像名称分别为"bjtu_r1_c1.jpg""bjtu_r1_c2.jpg""bjtu_r2_c1.jpg""bjtu_r2_c2.jpg",将这 4 个图像文件复制到 MySite5 的 images 文件夹中。

③ 创建一个本地站点,站点名字为:MySite5。

④ 在 MySite5 站点下,新建一个"pingtu.html"文档。

⑤ 创建 AP DIV。选择"插入"→"布局对象"→"AP DIV"菜单项,在网页"pingtu.html"中插入 AP DIV 元素,其效果如图 5-85 所示。单击该元素左上角的 □,查看"属性"面板获知其 ID:apDiv1。

⑥ 把 images 文件夹中的图像文件"凹字楼_01.jpg"拖放到 AP DIV 元素中,如图 5-86 所示。

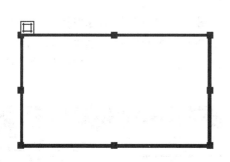
图 5-85　创建的 AP DIV 元素

图 5-86　插入了图像的 AP DIV

⑦ 查看图像"bjtu_r1_c1.jpg"的属性得到其尺寸为 329 px×322 px。单击 AP DIV 元素的 □,选择该 AP DIV,在"属性"面板中设置 AP DIV 的宽为 329 px、高为 322 px,使 AP DIV 与图像的大小一致,如图 5-87 所示。

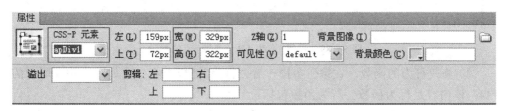

图 5-87　AP DIV 尺寸设置

⑧ 打开"行为"面板。在图 1-15 中选择"窗口"→"行为"菜单项,在 Dreamweaver 工作界面右侧的浮动面板中出现"行为"面板。

⑨ 添加"拖动 AP 元素"的行为。单击网页"pingtu.html"的空白区域,然后单击

"行为"面板中的 ![+] 工具按钮,在下拉菜单中选择"拖动 AP 元素"菜单项,如图 5-88 所示。

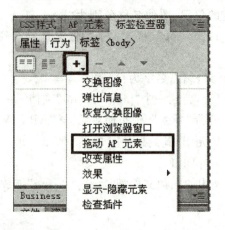

图 5-88 添加"拖动 AP 元素"的行为

⑩ 设置"拖动 AP 元素"行为的参数。从图 5-85 中获知图像"bjtu_r1_c1.jpg"所在的 AP DIV 的 ID 号为 apDiv1。在弹出的"拖动 AP 元素"对话框中,选择"基本"选项卡,在"AP 元素"下拉列表框中选择 div "apDiv1",在"移动"下拉列表框中选择"不限制",如图 5-89 所示。

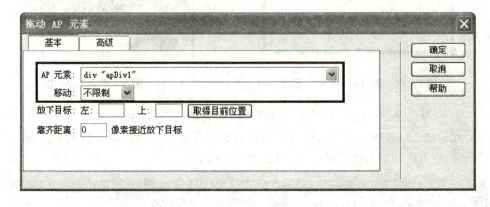

图 5-89 设置"拖动 AP 元素"行为的参数

⑪ 修改行为的函数。在第⑩步操作后,"行为"面板中会生成如图 5-90 所示的内容,该内容是行为函数。行为函数包括:

- onLoad:表示在启动网页"pingtu.html"时就执行"拖动 AP 元素"的行为。
- onMouseDown:表示在单击后执行"拖动 AP 元素"的行为。

拼图游戏需要用户单击图像并在网页中拖动来进行拼图。因此,函数 onMouseDown 符合拼图的需求。

单击图 5-90 中的"onLoad",产生效果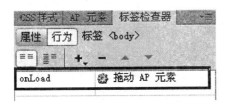,单击黑色方框中的下拉按钮,选择函数"onMouseDown",得到如图 5-91 所示的结果。

图 5-90　原始行为窗口　　　　图 5-91　修改行为函数后的窗口

⑫ 重复第⑤步～第⑪步,为图像"bjtu_r1_c2.jpg""bjtu_r2_c1.jpg""bjtu_r2_c2.jpg"分别创建 AP DIV、添加"拖动 AP 元素"的行为、设置"拖动 AP 元素"行为的参数、修改行为的函数。

⑬ 保存网页"pingtu.html",单击文档工具栏(图 5-3)中的 🌐 工具按钮,在下拉菜单中选择"浏览在 IExplore",在 IE 浏览器中运行网页,效果如图 5-82 所示。因为其他浏览器禁止脚本执行,所以选择 IE 浏览器。在图 5-82 中,如果显示针对网页限制运行脚本或 ActiveX 控件的警告,则选择"允许阻止的内容"即可运行拼图游戏。

⑭ 把网页中的 4 个图像拖动组合成一个图像,最终效果如图 5-92 所示。

图 5-92　拼图后的效果

5.8 在 Dreamweaver 中定义 CSS

5.8.1 创建 CSS 样式

选择"窗口"→"CSS 样式"菜单项,打开"CSS 样式"面板,单击右下角的"新建 CSS 规则"按钮,或者选择"文本"→"CSS 样式"→"新建"菜单项,弹出"新建 CSS 规则"对话框,如图 5-93 所示。

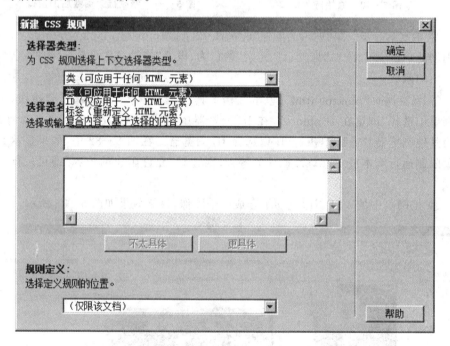

图 5-93 新建 CSS 规则

若选择器名选为标签,则选择某个标签,例如.td 标签,单击"确定"按钮,弹出"td 的 CSS 规则定义"对话框,如图 5-94 所示。CSS 规则定义根据分类的不同,包含了不同的参数。

1. CSS 规则定义——类型

如图 5-95 所示,有关"类型"的 CSS 规则定义的属性包括:
- Font-family(文本字体):根据规范优先选择系统已有的字体,比如中文的微软雅黑、黑体、宋体。
- Font-size(文本字号):按照自己的需求设置像素。
- Font-weight(文本粗细):根据需要设置文本的粗细。
- Font-style(文本字形):

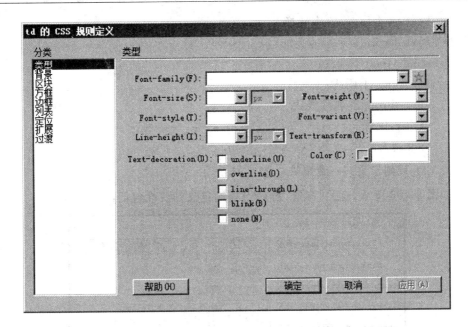

图 5-94 "td 的 CSS 规则定义"对话框

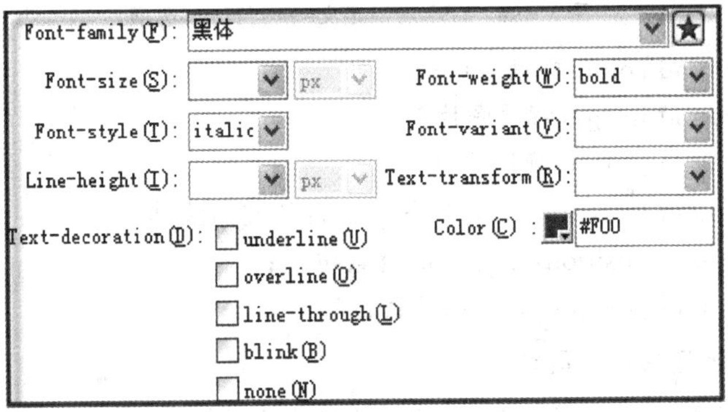

图 5-95 CSS 规则定义——"类型"选项

- normal:文本正常显示;
- italic:文本斜体显示;
- oblique:文本倾斜显示。
- Font-variant:字体大写。
- Line-hight(行间距):
  - normal:默认,设置合理的行间距;
  - number:设置数字,此数字会与当前字体的尺寸相乘来设置行间距;
  - length:设置固定的行间距;
  - %:基于当前字体尺寸的百分比设置行间距。

- Text-transform：文本转换。
- Text-decoration（字体装饰）：
  - underline：下画线；
  - overline：上画线；
  - line-through：删除线；
  - blink：闪烁；
  - none：无。

2. CSS 规则定义——背景

如图 5-96 所示，有关"背景"的 CSS 规则定义的属性包括：

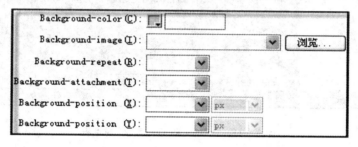

图 5-96　CSS 规则定义——"背景"选项

- Background-color：背景颜色；
- Background-image：背景图片；
- Background-repeat：背景重复；
- Background-attachment：背景图像是否随文档滚动；
- Background-position：X 方向的背景位置；
- Background-position：Y 方向的背景位置。

3. CSS 规则定义——区块

如图 5-97 所示，有关"区块"的 CSS 规则定义的属性包括：

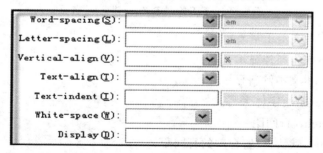

图 5-97　CSS 规则定义——"区块"选项

- Word-spacing：词间距；

- Letter-spacing：字符间距；
- Vertical-align：垂直对齐；
- Text-aline：水平对齐；
- Text-indent：文本缩进；
- White-space：空白；
- Display：显示。

4. CSS 规则定义——方框

如图 5-98 所示，有关"方框"的 CSS 规则定义的属性包括：

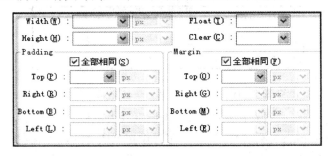

图 5-98 CSS 规则定义——"方框"选项

- Width：固定宽度。
- Height：固定高度。
- Float：浮动方式：
  - left：左浮动；
  - right：右浮动。
- Clear：清除浮动：
  - left：在左侧不允许浮动元素；
  - right：在右侧不允许浮动元素；
  - both：在左右两侧均不允许浮动元素。
- Padding：内边距。
- Margin：外边距（左右自动边距是设置块居中）。

5. CSS 规则定义——边框

如图 5-99 所示，有关"边框"的 CSS 规则定义的属性包括：

- Style：样式（如：虚线、实线等）；
- Width：宽度；
- Color：颜色。

6. CSS 规则定义——列表

如图 5-100 所示，有关"列表"的 CSS 规则定义的属性包括：

图 5-99 CSS 规则定义——"边框"选项

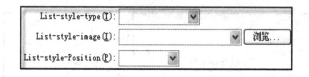

图 5-100 CSS 规则定义——"列表"选项

- List-style-type：列表样式类型，用来设定列表项标签的类型；
- List-style-image：列表样式图片，用来设定列表样式图片标签的地址；
- List-style-Position：列表样式位置，用来设定列表样式标签的位置。

7. CSS 规则定义——定位

如图 5-101 所示，有关"定位"的 CSS 规则定义的属性包括：

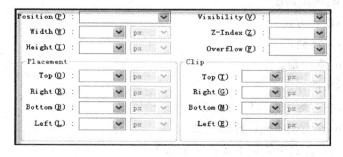

图 5-101 CSS 规则定义——"定位"选项

- Position：位置；
- Width：宽度；
- Height：高度；
- Visibility：规定元素是否可见；
- Z-Index：设置元素的堆叠顺序；
- Overflow：溢出，当内容溢出元素边框时要进行的处理；
- Placement：设置定位层对象的位置；
- Clip：裁剪。

8. CSS 规则定义——扩展

如图 5-102 所示,有关"扩展"的 CSS 规则定义的属性包括:

图 5-102 CSS 规则定义——"扩展"选项

- 分页:
  - Page-break-before:设置所选元素之前的分页行为;
  - Page-break-after:设置所选元素之后的分页行为。
- 视觉效果:
  - Cursor:规定要显示的光标类型(光标放在指定位置时的形状);
  - Filter:滤镜。

9. CSS 规则定义——过渡

如图 5-103 所示,有关"过渡"的 CSS 规则定义的属性包括:

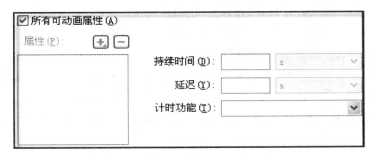

图 5-103 CSS 规则定义——"过渡"选项

CSS 过渡(transition)是 CSS3 规范的一部分,用来控制 CSS 属性的变化速率,可以使属性的变化过程持续一段时间,而不是立即生效。比如,将元素的颜色从白色变为黑色,通常这个改变是立即生效的,但使用过渡后,则会按一个曲线变化,该变化过程可以自定义。

5.8.2 编辑和删除 CSS 样式

创建 CSS 样式后,如果要修改它,则在"CSS 样式"面板中单击右下角的"编辑"按钮,在弹出的"CSS 规则定义"对话框中进行修改。

如果不再需要某个 CSS 样式,则首先选中某个样式,然后在"CSS 样式"面板中,单击右下角的"删除"按钮即可。

5.9 多媒体应用

为了使网页变得更加丰富多彩,并能利用 Web 支持的多种媒体传输及实用功能,Dreamweaver 通过在网页中插入声音、动画和视频来提高网页的吸引力。例如,插入一个音频文件的方法是:

① 打开一个网页,在所需位置处输入要链接音频文件的文字或图像。

② 选择该文字或图像,在"属性"面板中设置"链接"为音频文件的地址,或者单击"浏览文件"按钮选择相应的音频文件。

③ 按 F12 键在浏览器中预览网页,当单击超链接时,会弹出多媒体播放器播放该音频文件。

5.9.1 插入声音

1. 在网页中加入背景音乐

具体步骤是:

① 打开一个网页,将光标置于网页的顶部位置。

② 在"常用"插入栏中选择"媒体"→"插件"选项。

③ 在弹出的"选择文件"对话框中选择要加入的音频文件。

④ 单击"属性"面板中的"参数"按钮。

⑤ 在弹出的"参数"对话框(见图 5-104)中,单击加号按钮,在"参数"栏中输入"hidden",在"值"栏中输入"true",完成"hidden"参数的添加。按照相同的方法再添加"autostart"参数,"值"设置为"true";再添加"LOOP"参数,"值"设置为"infinite"。

图 5-104 "参数"对话框

2. 在网页中嵌入音频文件

具体步骤是:

① 将光标定位于要嵌入音频文件的位置。
② 在"常用"插入栏中选择"媒体"→"插件"选项。
③ 在弹出的"选择文件"对话框中选择要嵌入的音频文件。
④ 在"属性"面板的"高"和"宽"文本框中设置播放器的高度和宽度。按 F12 键后可预览最终效果,如图 5-105 所示。

图 5-105　嵌入音频文件效果图

5.9.2　插入 Flash 动画

具体步骤是:
① 在"文档"窗口的"设计"视图中,将光标定位在要插入动画的地方。
② 在"常用"插入栏中选择"媒体"→"SWF"选项。
③ 在弹出的对话框中选择一个 Flash 文件(.swf),Flash 占位符随即出现在"文档"窗口中。
④ 按 F12 键即可在浏览器中看到 Flash 动画播放的效果。

5.9.3　插入视频

1. 以链接方式插入视频

具体步骤是:
① 将视频文件存入站点的"medias"文件夹中。
② 在"文档"窗口中选择要插入视频的文本,在"属性"面板中单击文件夹工具按钮,浏览并选择要插入的视频文件。
③ 按 F12 键打开浏览器进行预览,单击链接开始下载视频文件。

2. 以插件方式插入视频

具体步骤是:
① 将视频文件存入站点的"medias"文件夹中。
② 将光标定位在"文档"窗口中要嵌入视频文件的位置,然后在"常用"插入栏中选择"媒体"→"插件"选项,在弹出的"选择文件"对话框中选择要嵌入的视频文件。
③ 在"属性"面板中将插件的"高"和"宽"值设为合适的大小。

5.9.4 插入 Fireworks 网页元素

具体步骤是：

① 将从 Fireworks 导出的文件全部复制到站点对应的目录中；

② 选择"常用"插入栏中的"图像"→"Fireworks HTML"选项,在弹出的"插入 Fireworks HTML"对话框中单击"浏览"按钮,选择导出文件中的网页文件,单击"确定"按钮完成插入。

5.10 表单编辑

5.10.1 表单的插入与编辑

表单是网站与访问者之间交流信息的主要工具。表单可以看作是网站设计者从 Web 访问者那里收集信息的一种方法,它不仅可以收集访问者对网站的意见,还可以做许多其他工作,例如,在访问者登记注册免费电子邮件时,可以用表单来收集一些个人的资料;在电子商务中,可以收集每位顾客的购物信息;在搜索引擎中,可以把用户要查找的关键词递交给服务器等。

1. 创建表单

表单由以下内容组成：

① 表单标签:包含处理表单数据所用的服务器端程序的 URL,以及将数据提交到服务器上的方法。

② 表单域:包含文本框、菜单、复选框和单选按钮等元素。

③ 提交按钮:提交按钮是一个特殊的表单域。单击提交按钮后,数据将被传送到服务器上,由服务器程序处理。

2. 插入表单

操作步骤是：

① 将光标定位于需要插入表单的位置。

② 选择"插入"→"表单"菜单项,或者选择"表单"插入栏中的"表单"选项,则在光标所在位置插入一个表单标签。

创建表单后,文档中会出现一个红色的点线轮廓用以表示表单的范围,同时,光标出现在此轮廓的开头,如图 5-106 所示。

与表单相关的属性包括：

- 表单 ID:用于输入标识该表单的唯一名称。
- 动作:用于指定处理该表单信息的应用程序或脚本的路径。

第 5 章　Dreamweaver 网页设计软件

图 5-106　插入表单

- 方法：用于选择将表单数据传输到服务器的方法。有 2 个选项：
  - POST：在 HTTP 请求中嵌入表单数据；
  - GET：将表单数据追加到请求该页的 URL 中。
- 目标：指定显示调用程序后所返回数据的窗口。

3. 表单对象

表单中用于输入信息的元素称为表单对象。

插入表单后，必须往表单中添加相应的表单对象。插入表单对象可以通过选择"表单"插入栏中的选项进行，也可通过选择"插入"→"表单对象"下的子菜单项来完成，如图 5-107 所示。

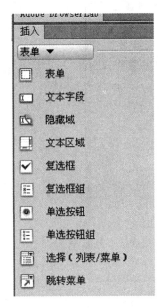
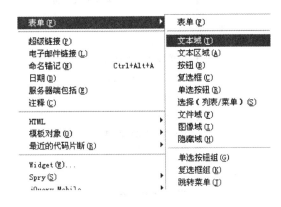

(a) "表单"插入栏　　　　　　　　　(b) "表单"菜单项

图 5-107　插入表单对象的"表单"插入栏和菜单项

"表单"插入栏中表单对象的功能如下:
- 表单:在光标处插入一个"表单"对象,"表单"插入栏中的其余对象均在此"表单"对象区域内插入。
- 文本字段:在表单中插入文本框。
- 隐藏域:在表单中插入一个可以存储用户数据的域。
- 文本区域:在表单中插入一个文本输入区域。
- 复选框:在表单中插入复选框。
- 复选框组:在表单中插入共享同一名称的复选框的集合。
- 单选按钮:在表单中插入单选按钮。
- 单选按钮组:表单中插入共享同一名称的单选按钮的集合。
- 选择(列表/菜单):创建以列表形式显示的一组选项或下拉菜单。
- 跳转菜单:插入可导航的列表或弹出式菜单。
- 图像域:在表单中插入图像。
- 文件域:在表单中插入空白文本域和"浏览"按钮。
- 按钮:在表单中插入按钮。

插入表单对象后会弹出"输入标签辅助功能属性"对话框,如图 5-108 所示,用于设置表单对象的属性,其中"ID"设置表单对象的 id 属性值,"标签"设置在表单对象前显示的文本内容。

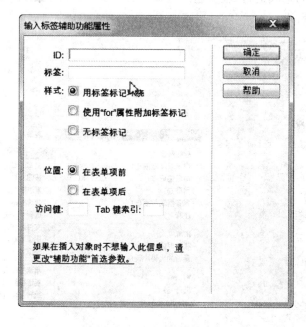

图 5-108 "输入标签辅助功能属性"对话框

5.10.2 表单操作案例

要求：制作一个用户注册表，其效果如图 5-109 所示。

准备工作：在站点目录下新建一个名为 form.html 的文件，用于制作用户注册表，其中"用户注册表"的格式为：字体为"隶书"；字号为"18pt"；颜色为"红色"；"密码"要求控制在 6 个字符以内，且输入的字符以●方式显示，"你的生日"所对应的"年"值为 1990～1995，"月"所对应的值为 1～12，"日"所对应的值为 1～31。信息输入完成后单击"确定"按钮时，要对表单中的"你的用户名"和"你的密码"进行检查，使之不为空值，提交时将数据提交到你的邮箱。

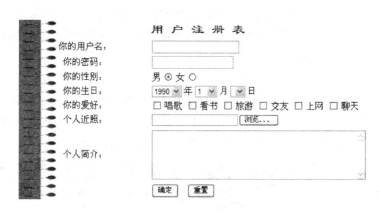

图 5-109 用户注册表效果图

"用户注册表"网页的制作步骤是：

① 新建一个文档，将光标定位在文档页面中需要插入表单的位置，选择"表单"插入栏中的"表单"选项，如图 5-107(a)所示，此时光标定位处出现一个红色的虚线框，表示了表单的范围，所有表单对象都在该区域内插入。

② 在表单中插入一个 9 行 2 列的表格，并设置表格的背景图像为"bg1.gif"，表格"居中"，如图 5-110 所示。

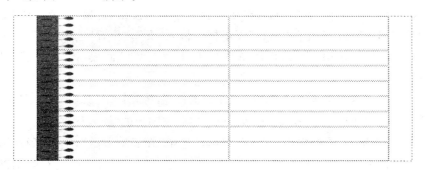

图 5-110 在表单中插入表格

③ 合并第 1 行的单元格,输入文字"用户注册表",每个文字之间空一格。在"属性"面板内选择 CSS 模式,并设置字体为"隶书",字号为"18pt",颜色为"红色",如图 5-111 所示。

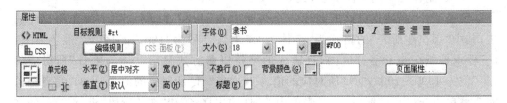

图 5-111 文字格式设置

④ 在第 2 行第 1 个单元格内输入"你的用户名:",将光标定位到第 2 个单元格,在"表单"插入栏中选择"文本字段"选项,在弹出的"输入标签辅助功能属性"对话框(图 5-108)中单击"取消"按钮。

⑤ 在第 3 行第 1 个单元格内输入"你的密码:",将光标定位到第 2 个单元格,在"表单"插入栏中选择"文本字段"选项,在弹出的"输入标签辅助功能属性"对话框中单击"取消"按钮,则在光标处显示一个文本域,打开该文本域对应的"属性"面板,在"最多字符数"文本框中输入"6",将"类型"设为"密码",如图 5-112 所示。

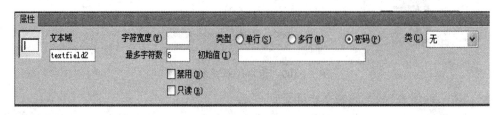

图 5-112 "密码"文本字段的设置

⑥ 在第 4 行第 1 个单元格内输入"你的性别:",将光标定位到第 2 个单元格,在"表单"插入栏中选择"单选按钮"选项,在弹出的"输入标签辅助功能属性"对话框中的"标签"文本框中输入"男","位置"选中"在表单项前",单击"确定"按钮;光标不动,输入一个空格,再在"表单"插入栏中选择"单选按钮"选项,在弹出的"输入标签辅助功能属性"对话框中的"标签"文本框中输入"女","位置"选中"在表单项前",单击"确定"按钮。选中"男"后面的单选按钮,打开"属性"面板,将"初始状态"选中"已勾选"。

⑦ 在第 5 行第 1 个单元格内输入"你的生日:",将光标定位到第 2 个单元格,在"表单"插入栏中选择"选择(列表/菜单)"选项,在弹出的"输入标签辅助功能属性"对话框中的"标签"文本框中输入"年","位置"选中"在表单项后",单击"确定"按钮;再在"表单"插入栏中选择"选择(列表/菜单)"选项,在弹出的"输入标签辅助功能属性"对话框中的"标签"文本框中输入"月","位置"选中"在表单项后",单击"确定"

按钮;再在"表单"插入栏中选择"选择(列表/菜单)"选项,在弹出的"输入标签辅助功能属性"对话框中的"标签"文本框中输入"日","位置"选中"在表单项后",单击"确定"按钮。选中"年"前面的列表,打开"属性"面板,将"类型"设为"菜单",单击 列表值... 按钮,弹出"列表值"对话框,单击 按钮,在"项目标签"列表中输入"1990";同理,输入"1991"至"1995",结果如图 5-113 所示,单击"确定"按钮,回到"属性"面板,将"初始化选定"设为"1990"。按照与设置"年"列表相同的方法对"月"和"日"列表分别设置列表值 1～12 和 1～31,"月"列表的"初始化选定"属性设为"1"。

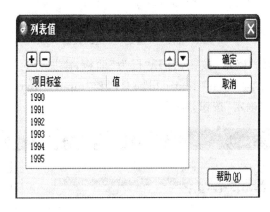

图 5-113 "列表值"对话框

⑧ 在第 6 行第 1 个单元格内输入"你的爱好:",将光标定位到第 2 个单元格,在"表单"插入栏中选择"复选框"选项,在弹出的"输入标签辅助功能属性"对话框中的"标签"文本框中输入"唱歌"。同理,插入"看书""旅游""交友""上网""聊天"复选框。

⑨ 在第 7 行第 1 个单元格内输入"个人近照:",将光标定位到第 2 个单元格,在"表单"插入栏中选择"文件域"选项,在弹出的"输入标签辅助功能属性"对话框中单击"取消"按钮,设置效果如图 5-114 所示。

图 5-114 "文件域"设置效果

⑩ 在第 8 行第 1 个单元格内输入"个人简介:",将光标定位到第 2 个单元格,在"表单"插入栏中选择"文本字段"选项,在弹出的"输入标签辅助功能属性"对话框中单击"取消"按钮,则在光标处显示一个文本域,打开该文本域对应的"属性"面板,将"类型"选中"多行"。

⑪ 将光标定位到第 9 行第 1 个单元格,在"表单"插入栏中选择"按钮"选项,在弹出的"输入标签辅助功能属性"对话框中单击"取消"按钮,打开与按钮相应的"属

性"面板,在"属性"面板中,将"值"设为"确定",将"动作"选中"提交表单",如图 5-115 所示;连续插入几个"不换行空格",再在"表单"插入栏中选择"按钮"选项,在弹出的"输入标签辅助功能属性"对话框中单击"取消"按钮,打开与按钮相应的"属性"面板,在"属性"面板中,将"值"设为"重置",将"动作"选中"重设表单"。

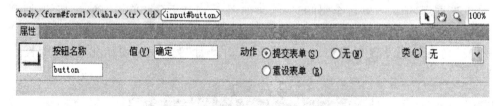

图 5-115 "确定"按钮的设置

⑫ 单击刚创建的"确定"按钮,打开"行为"面板,添加行为"检查表单",弹出"检查表单"对话框,将文本"input "textfield" (R)"和"input "textfield2" (R)"的"值"都设为"必需的",单击"确定"按钮,如图 5-116 所示。

图 5-116 "检查表单"对话框

⑬ 选择整个表单,打开"属性"面板,在"动作"文本框中输入"mailto:",再加上你的邮箱地址,例如图 5-117 中所示的邮箱地址。

图 5-117 提交数据到你的邮箱的设置

⑭ 保存该网页为 form.html,按 F12 键预览,显示效果如图 5-109 所示。

5.11 小　结

通过本章的学习,学到了网页设计软件 Dreamweaver CS6 的基础知识,网站的创建和管理,网页的创建和编辑,文本与图像混合编辑,网页中的超链接知识,以及表格的创建和编辑等操作,具体内容如下:

① 认识了 Dreamweaver CS6 软件的操作环境。
② 了解了网站站点的规划,以及对设计资料和素材进行分类管理。
③ 掌握了 HTML 网页的新建、编辑、浏览,以及插入文本和图像。
④ 认识了超链接的分类,如文本/图像链接、图像热点链接、电子邮件链接和锚点链接等。学习了超链接的创建和编辑。
⑤ 掌握了表格的创建和编辑。
⑥ 学习了 AP DIV 的创建和编辑。
⑦ 学习了如何在 Dreaweaver 中定义 CSS。
⑧ 学习了用 Dreaweaver 工具实现网页多媒体的应用。
⑨ 学习了用 Dreaweaver 工具实现表单的应用。

习　题

1. Dreamweaver CS6 的工作界面由哪几部分组成?
2. 管理站点时,可对站点做哪些操作?
3. 浏览网页的快捷键是什么?
4. 在网页中如何输入连续的多个空格?
5. 网页中锚点的功能是什么?
6. 超链接分为哪些类型?
7. 选择表格的方法有哪些?
8. 在网页中插入图像最快捷的方法是哪种?
9. 如何为网页添加新的字体?
10. AP DIV 比普通 DIV 有什么优势?

第 6 章 Fireworks 图像处理软件

Adobe Fireworks 是 Adobe 推出的一款网页作图软件,它可以加速 Web 的设计与开发,是一款创建与优化 Web 图像、快速构建网站与 Web 界面原型的理想工具。Fireworks 不仅具备编辑矢量图形与位图图像的灵活性,还提供了一个预先构建资源的公用库,并可与 Adobe Photoshop、Adobe Illustrator、Adobe Dreamweaver 及 Adobe Flash 等软件快速集成。在 Fireworks 中能将设计迅速转变为模型,或者利用来自 Illustrator、Photoshop 和 Flash 的资源直接置入 Dreamweaver 中,轻松进行开发与部署。Fireworks 是 Adobe 公司网页设计套件中的网页图像处理工具,提供了图像创建、制作和处理的功能,包括创建和编辑网页图形,进行动画处理,添加高级交互功能,以及优化图像等。

6.1 Fireworks 简介及其用户界面

6.1.1 Fireworks 简介

Fireworks 之所以能够成为主流的网页图形、图像处理及网页制作软件,是因为它完全从这两个角度出发,而不像从传统平面设计扩展而来的 Photoshop 那样,难以摆脱专注于处理大幅位图的思维限制。因为网页图像的设计受到网络速度和显示颜色等因素的限制,所以处理大幅位图的情况一般不会发生。反之,一些线条简洁、色块分明的图形却在网页图像中应用极广。同时,Fireworks 处理位图的能力也不差,尤其在优化图像文件方面,Fireworks 的表现尤其突出。使用 Fireworks 可以让用户在一个专业化的环境中创建和编辑网页图形,对其进行动画处理,添加高级交互功能,以及优化图像。在 Fireworks 中,可以在单个应用程序中同时创建和编辑位图与矢量图两种图形。除此之外,工作流程还可以实现自动化,从而更能适应极度耗时的更新和更改的要求。

下面来看看 Fireworks 能为网站建设做些什么。

具有图像效果处理、颜色控制及图像优化功能的 Fireworks 可以制作出漂亮的 Logo(标志)图和其他 Web 图像。

在将照片上传到网站前,可以使用 Fireworks 对这些图像进行压缩,但压缩后的图像,其质量损失却很小,甚至无损。

如果想在网页中放置大量图片,可以考虑使用 Fireworks 的微缩图功能,然后设置热点,使图片在单击时放大。

使用 Fireworks 可以制作小巧且富于动感的广告条,使用 Fireworks 中的帧,可以很方便地制作 GIF 或 FLASH 格式的动态广告条。

用户可使用 Fireworks 的图像映射功能为网站做导航,该功能的使用非常方便。

6.1.2 Fireworks 用户界面

利用 Fireworks CS6 可以设计出网页的整体效果图、处理网页中的图像以及设计网页的图标和按钮等,并可在设计完成后优化导出。在学习 Fireworks 之前,首先了解 Fireworks CS6 的工作界面,如图 6-1 所示。

图 6-1 Fireworks CS6 的工作界面

1. 菜单栏

菜单栏位于文档窗口的上方,用来对文件进行设置,包括"文件""编辑""视图""选择""修改""文本""命令""滤镜""窗口"和"帮助"等菜单项。

2. 工具箱

位于屏幕左侧的工具箱包括选择工具、位图工具、矢量工具、Web 工具、颜色工具和视图工具 6 大类,涵盖了图形编辑和制作热点、切片等 Web 元素的基本工具。

在 Fireworks CS6 中,工具箱可以在窗口中任意移动,通过鼠标拖动即可在非功能区改变其放置位置。

同一工具箱中的工具可以互相替换,方法是:单击某工具右下角的小黑三角并保持,在打开的下拉菜单中显示出本工具箱中的其他工具,此时选择希望替换的工具即可。工具箱分为"选择""位图""矢量""Web""颜色"和"视图"6 类。

3. 文档窗口

文档窗口是工作窗口中的主要部分,所编辑的对象显示在这里,而且通过它可以方便地查看比例,以及进行动画控制和文件导出等操作。

4. "属性"面板

"属性"面板用来对文档的具体属性进行设置,方法是:选中图像,选择"窗口"→"属性"菜单项,弹出"属性"面板,在"属性"面板中可以对文档中选中的对象进行相应设置。

5. "浮动"面板

"浮动"面板用来处理帧、层、元件和颜色等。每块面板既可以相互独立排列,又可以与其他面板组合成一个新面板,但各面板的功能依然互相独立。单击面板上的名称即可展开或折叠该面板。

6.2 Fireworks 基础

6.2.1 位图和矢量图

处理位图和矢量图是 Fireworks 的基本功能。位图由排列成网格状的像素组成,每个像素的位置和颜色构成了整个图像,对位图的处理实际上就是对像素网格的处理;当位图被放大时,固定大小的像素网格被重新分配,从而呈现出锯齿状边缘。矢量图形是以路径定义形状的计算机图形,形状由路径上绘制的点确定;编辑矢量图形时,实际上编辑的是点和线条,矢量图形与分辨率无关。

1. 位 图

(1) 编辑位图图像

Fireworks 把以前只在矢量图形处理软件中出现的工具,与位图图像处理软件中的丰富的艺术处理手段集成起来。

(2) 创建位图图像

绘制和编辑位图之前,必须先创建位图对象。创建位图对象的常见方法有 4 种:

① 创建新的位图对象;
② 创建空位图对象;
③ 剪切或复制像素并将它们作为一个新位图对象;
④ 将所选矢量对象转换成位图对象。

2. 矢量图

(1) 编辑矢量图形

矢量图形是以路径定义形状的计算机图形。矢量路径的形状是由路径上绘制的点确定的。矢量对象的笔触颜色与路径一致,它的填充占据路径内的区域。笔触和填充通常确定图形以打印形式输出或在 Web 上发布时的外观。

(2) 创建矢量图形

Fireworks 提供了许多可以绘制矢量图形的工具,利用这些形状工具可以快速绘制直线、圆、椭圆、正方形、矩形、星形,以及任何具有 3~360 个边的正多边形。

(3) 填充效果

不管路径封闭与否,都存在填充区域,都可以加入填充效果。填充效果既可以是单一的填充颜色,也可以是渐变色,或者可以用图案来填充对象。填充能使对象脱离一般线条画的效果,产生充实、多姿的效果。"属性"面板上包括了所有填充属性的设置,主要包括填充的类别、边缘柔和度和纹理填充等。

(4) 转换为位图图像

把矢量图转换为位图是一种取得位图图像的捷径。有两种方法可以实现这种转换:

① 使用"修改"菜单;
② 使用"层"面板。

6.2.2 处理位图

位图处理包括:

① 图像的创建、选取、剪切、复制和缩放;
② 图像的颜色、色调、饱和度、对比度及其他图像效果的调整与处理;
③ 使用滤镜对图像效果进行调整。

6.2.3 个人吉祥物照片处理

下面通过个人吉祥物照片处理实例介绍位图工具的基础应用,处理效果如图 6-2 所示。

图 6-2 个人吉祥物处理效果图

下面了解"选取"工具——"魔术棒"的使用,掌握位图文件的创建与导入,位图图像的剪切、复制、缩放和"羽化",以及文件的保存操作。具体操作方法如下。

1. 创建位图文件

在 Fireworks 中创建位图文件的方法有 2 种。

第一种方法是选择"文件"→"新建"菜单项,在弹出的"新建文档"对话框(见图6-3)中设置好画布的大小,包括:"宽度""高度"和"分辨率",以及"画布颜色",然后再使用工具栏上"位图"工具箱中提供的位图绘制工具来创建位图文件。

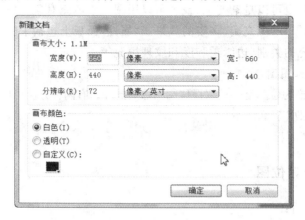

图6-3 "新建文档"对话框

第二种方法是选择"文件"→"导入"菜单项,导入一张已有的位图,也可以选择"打开"菜单项,直接打开一张已有的位图。这里,分别打开两张已有的位图图像,如图6-4和图6-5所示。

图6-4 个人吉祥物原图

图6-5 个人吉祥物背景图

2. 使用"魔术棒"工具

单击文档窗口上方的"图标.jpg"标签,调出图标位图的文档窗口,单击工具面板上的"魔术棒"工具,将光标移到图标位图文档上,在图像的白色背景区域上单击选取图像中的全部背景区域,结果如图6-6所示。

图6-6 选取图像效果图

"魔术棒"可以在图像中选择一个颜色相似的区域,它比较适合于具有大面积相同或相近颜色,并且不易用其他选取工具进行选取的图形区域。当在工具面板上单击"魔术棒"工具按钮后,在"属性"面板中会相应出现"魔术棒"的属性,如图6-7所示,其中"容差"属性值越大,表示可选取的相似颜色区域就越大。

图6-7 "魔术棒"工具

3. 羽化图像

先将吉祥物粘贴到背景位图文档中。然后选择"选择"→"反选"菜单项,则吉祥物被完全选取,然后再选择"选择"→"羽化"菜单项,弹出"羽化所选"对话框,在其中将羽化半径值设为"10",如图6-8所示,单击"确定"按钮,完成对所选羽化值的设定。注意,这里对所选内容进行"羽化"设置,是因为羽化可以使图像像素选区的边缘模糊,有助于所选区域与周围像素的混合。

4. 复制图像

先将吉祥物粘贴到背景位图文档中。然后选择"编辑"→"复制"菜单项以复制吉祥物。接着单击文档窗口上方的"背景.jpg"标签,调出背景位图的文档窗口,在该文档窗口中右击,在弹出的快捷菜单中选择"编辑"→"粘贴"菜单项,将所复制的吉祥物

图6-8 "羽化所选"对话框

粘贴到背景位图中,此时会出现如图6-9所示的对话框,这是由于两幅位图的分辨率不同,Fireworks询问用户是否进行重新取样,这里单击"重新取样"按钮即可,最终所复制的吉祥物被粘贴到背景位图图像上,如图6-10所示。

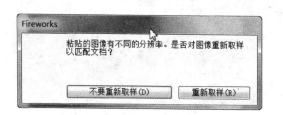

图6-9 是否重新取样提示对话框　　　图6-10 吉祥物被粘贴后

5. 缩放图像

单击"缩放"工具按钮,在打开的下拉菜单中选择如图6-11所示的"缩放"工具,使用该工具在图像上调整刚才粘贴的吉祥物的大小、位置和方向,最终将吉祥物调整到如图6-2所示的大小和位置上。

6. 保存文件

选择"文件"→"保存"菜单项,在弹出的"文

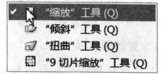

图6-11 "缩放"工具

件保存"对话框中选择文件夹,设置文件名与文件类型,将处理后的位图文件保存在 Fireworks 中。也可以选择"文件"→"导出"菜单项,在弹出的"文件导出"对话框中进行图像文件的导出设置。

6.2.4 编辑路径与文本

在 Fireworks 中可以使用不同的字体和字号来修饰文本,并可以调整字间距、颜色、字顶距和基线等属性;可以复制含有文本的对象,并对每个副本中的文本进行更改;可以制作垂直文本、变形文本、附加到路径的文本,以及转换为路径和图像的文本。

6.2.5 网站广告栏图像的制作

通过网站广告栏图像制作示例来介绍 Fireworks 中文本和路径的创建与编辑,完成后的效果图如图 6-12 所示。注意了解 Fireworks 中文本的输入与编辑操作,路径对象创建工具(如"钢笔"工具)的使用,以及将文本附加到路径的方法。

图 6-12 广告栏效果图

具体制作步骤是:

① 打开背景图像。选择"文件"→"打开"菜单项,打开一个背景素材图像("banner.jpg")。

② 设置文字输入属性。单击工具面板上的"文本"工具按钮,此时属性面板内容变为要输入文本的属性,如图 6-13 所示,单击文本属性面板上的文字颜色,调出文字颜色板,在其中选择♯FF0000 作为输入文字的颜色。然后,在文本属性面板中选择文字的字体为"隶书",大小为"40",并设置文字的样式为"粗体",格式为"居中"。

图 6-13 设置文字输入属性

③ 输入文字。在新建的文档中输入"欢迎访问我的网站",如图 6-14 所示,其中蓝色的方框是文本输入框,在默认情况下,其大小随输入文字的大小和长短自动改变。

图 6-14 输入文字

④ 为输入的文本添加效果。输入文本后,在文本属性面板中会显示与所输入文本效果有关的属性,单击"滤镜"后面的加号按钮,在弹出的快捷菜单中选择"凸起浮雕",可在如图 6-15 所示的效果属性面板中调节所选效果的属性值。

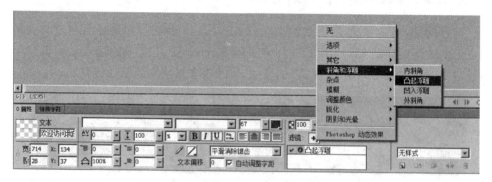

图 6-15 给文字添加效果

⑤ 选择创建路径对象的工具。单击"钢笔"工具按钮,在弹出的快捷菜单中选择"钢笔"工具("钢笔"工具不仅可以绘制直线路径,还可以绘制曲线路径)。此时,属性面板中显示出与"钢笔"工具有关的一些属性,如图 6-16 所示。

图 6-16 "钢笔"工具属性

⑥ 创建一条曲线路径。当将光标移到画布上时,光标指针变为钢笔笔头形状,在画布的适当位置上单击一下,创建一个起始节点,然后在想要绘制的曲线路径的终点位置处再次单击,则画布上又生成一个节点,该节点即作为曲线路径的终点,如图 6-17 所示。

⑦ 将文本附加到路径。先按住 Shift 键,并单击选中层面板中的路径和文本对象,再选择"文本"→"附加到路径"菜单项,则将文本附加到了路径上,效果如图 6-18 所示。

图 6-17 创建曲线路径

图 6-18 将文本附加到路径

⑧ 选择"修改"→"画布"→"符合画布"菜单项,使画布与图像大小相符合,最后,选择"文件"→"保存"菜单项保存文件。至此,完成了整个广告栏图像的制作。

6.3 网页交互元素的制作

Fireworks 不仅可以制作动态的按钮和下拉菜单,还可以轻易地完成图片的切割与优化以及动感翻转图的制作

按钮是网页的导航元素,是网页的重要组成元素之一,它可以起到提示和动态响应的作用。

翻转(交换)图是一些可以在浏览器中显示的图形,当光标移动到或者单击这些图形时会发生图像的替换效果。

6.3.1 制作按钮和导航栏

在 Fireworks 中,按钮是作为"元件"出现的。元件指可以重复使用的对象。实例(对象副本)是 Fireworks 元件的表示形式,当对元件(原始对象)进行编辑时,实例会自动更改以反映对元件所做的修改。

Fireworks 中提供 3 种类型的元件:图形、动画和按钮。

图形元件的作用与普通对象相同,可以使用缩放、变形和运用效果等进行编辑。

动画元件除了可以进行一般的编辑外,还可以对帧与帧之间的形状、位置等进行设定。

按钮元件一般具有 4 种(也可以说是 4 帧)不同的状态及其活动区域(即触发按

钮变化的感应区域),分别对应不同的光标状态。

1. "首页"按钮制作示例

具体步骤是：

① 新建一个文件,设置画布的宽度为 640 像素,高度为 440 像素,分辨率为 72 像素/英寸(1 英寸=2.54 cm),颜色为"白色"。

② 单击工具面板中的"几何路径"工具按钮,在弹出的菜单中选择"矩形"工具,如图 6-19 所示。此时,属性面板中显示出"矩形"工具的属性,单击调出属性面板上的填充色颜色板,在其中选择♯CCCC00 作为将要创建的矩形区域的填充色。

③ 在画布上绘制矩形,使其宽为 131 像素,高为 39 像素,如图 6-20 所示。将属性面板中矩形"圆度"的值设为"60",如图 6-21 所示。单击属性面板中"滤镜"后面的加号按钮,在弹出的菜单中选择"斜角和浮雕"→"内斜角",在"内斜角"效果的属性面板中设置其宽度值为"9",并选择"凸起"。

图 6-19 选择"矩形"工具　　图 6-20 绘制矩形

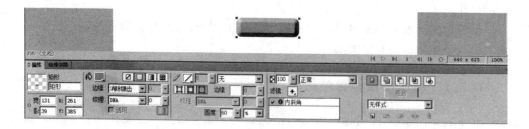

图 6-21 调整后的矩形

④ 按 F8 键将矩形转换为元件。如图 6-22 所示,在弹出的"转换为元件"对话框中选择"类型"为"按钮",单击"确定"按钮,如图 6-23 所示。

⑤ 单击工具面板中的"选取"工具按钮,双击画布上的按钮元件进入按钮编辑状态,首先进入的状态是"弹起"状态,如图 6-24 所示。

⑥ 设置按钮的"弹起"状态。单击工具面板中的"文本"工具按钮,在属性面板中

第 6 章　Fireworks 图像处理软件

图 6-22　"转换为元件"对话框

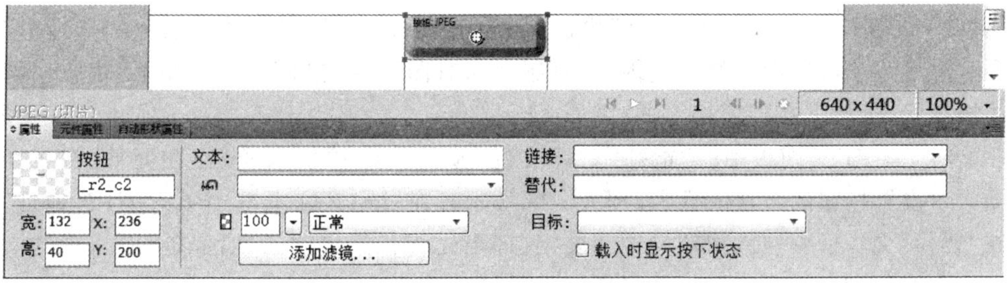

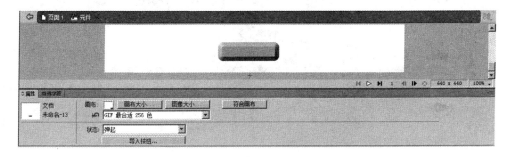

图 6-23　转换为按钮元件的属性面板

图 6-24　编辑按钮

设置文本的字体为"宋体",大小为"16",颜色为"黑色",样式为"粗体",并将文本排列设为"居中"。在按钮上输入"首页"二字,调整文字位置,如图 6-25 所示。

图 6-25　按钮的"弹起"状态

· 163 ·

⑦ 设置按钮的"滑过"状态。在属性面板的"状态"下拉列表框中选择"滑过",然后单击属性面板中出现的"复制弹起时图形"按钮。单击工具面板中的"选取"工具按钮,选择按钮元件,在属性面板中重新选择#CC6633作为将要创建的矩形区域的填充色,如图6-26所示。

图6-26 按钮的"滑过"状态

⑧ 设置按钮的"按下"状态。在属性面板的"状态"下拉列表框中选择"按下",然后单击属性面板中出现的"复制弹起时图形"按钮。单击工具面板中的"选取"工具按钮,选择按钮元件,在属性面板中改变"内斜角"效果的属性,双击"内斜角",在弹出的属性面板中,将其中的"按钮欲设项"内容改为"凹入"。

⑨ 设置按钮的"按下时滑过"状态。在属性面板的"状态"下拉列表框中选择"按下时滑过",单击属性面板中出现的"复制弹起时图形"按钮,得到与"按下"状态相同的按钮状态,单击文档窗口上的"页面1"。

⑩ 单击工具面板中的"指针"工具按钮,选择刚创建的"首页"按钮元件,在属性面板中设置按钮的链接属性,如图6-27所示。在"链接"文本框中填入URL地址;在"替代"文本框中填入按钮的说明文字(即当光标移到按钮活动区域上时出现的文字);在"目标"下拉列表框中选择链接文件打开的位置。

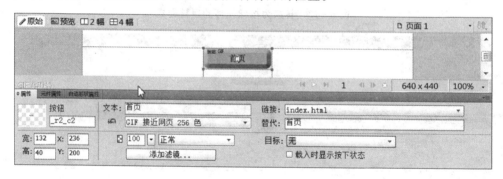

图6-27 设置按钮的链接属性

2. 个人网站导航栏制作示例

导航栏是一组互斥的,并提供到网站不同区域的链接的按钮。具体制作步骤是:

① 新建一个文档,设置画布的宽度为600像素,高度为440像素,分辨率为72像素/英寸,设置画布的颜色为"白色"。打开上一示例制作的"首页"按钮文件,选中按钮元件,选择"编辑"→"复制"菜单项,在新建文档中选择"编辑"→"粘贴"菜单项,粘贴一个按钮到新建的文档中,如图6-28所示。

② 复制按钮。首先单击工具面板中的"选取"工具按钮,选取要粘贴的按钮,然后选择"编辑"→"复制"菜单项,再在文档窗口中右击,在弹出的快捷菜单中选择"编辑"→"粘贴"菜单项后,将新复制的按钮移动到合适的位置,再将其"文本"属性改为"个人简历",最后调整好位置,如图6-29所示。

图 6-28 粘贴的按钮

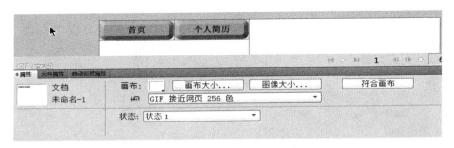

图 6-29 复制第二个按钮

③ 重复第②步。分别创建"个人简介""经典文学"和"留言空间"按钮,调整好各自的位置,并设置好各自的"链接"属性,然后单击工具面板中的"选取"工具按钮,单击画布,选择"修改"→"画布"→"符合画布"菜单项,如图6-30所示。

图 6-30 制作的导航栏

④ 选择"文件"→"保存"菜单项,将文件保存。最后,单击文档窗口上的"预览"按钮,即可在文档窗口中预览最终的导航栏,如图6-31所示。

图 6-31 预览导航栏

6.3.2 制作唐诗配图

翻转(交换)图是可以在浏览器中显示的图形,当光标移动到或者单击这些图形时会发生图像的替换效果,该效果是建立在切片的基础上的。

切片是将网页中较大的图像切割成多个小片,从而获得较高的下载速度,达到对图像优化和简化的目的;同时,通过切片也可以创建页面交互图(例如图像翻转图)。

热点又称图像映像,是在一幅图像或图形中创建多个链接区域,当光标指针经过该区域时指针变为手形,此时,单击热点区域,可打开相关的链接网页或转到不同的链接目标端。

制作唐诗配图的具体步骤是:

① 新建文档,设置画布大小为:宽度 600 像素,长度 400 像素,画布颜色为"白色"。单击工具面板中的"切片"工具按钮,在文档窗口中单击光标并拖出如图 6 - 32 所示的矩形切片,调整好切片的位置,设置切片的宽度为 320 像素,高度为 230 像素。

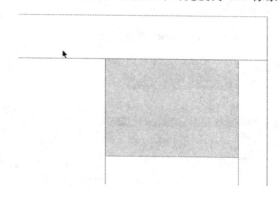

图 6 - 32　设置切片

② 单击工具面板中的"文本"工具按钮,输入文字。首先输入"唐诗的意境",设定其字体为"隶书",字号为"40",颜色为♯CC0000,样式为"粗体",并将文本排列设为"居中"。然后再分别输入"过故人庄""乌衣巷"和"咏蝉",分别设定它们的字体为"黑体",字号为"25",颜色为"黑色",样式为"斜体",并将文本排列设为"居中"。最后输入"唐诗配图",除了文字颜色设为♯999999 外,其他文字属性的设定与"过故人庄"文字的相同,如图 6 - 33 所示。

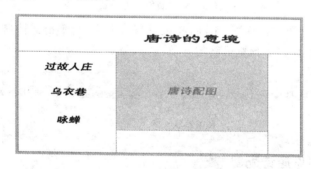

图 6 - 33　输入文字

③ 单击工具面板中的"选取"工具按钮,单击刚输入的"过故人庄",按 F8 键,将该文本转换为按钮元件,同样也将"乌衣巷"和"咏蝉"分别转换为按钮元件,并且三个按钮的四个状态都使用相同的设置(即都与按钮的"滑过"状态相同),如图 6 - 34 所示。然后单击"状态"面板中右下角的"新建/重制状态"工具按钮 三次来复制"状

态 1",此时"状态"面板中显示的状态有 4 个,如图 6-35 所示。

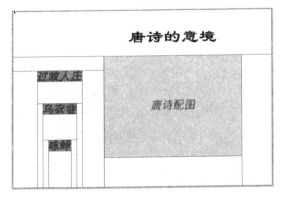

图 6-34 将文本转换为按钮

④ 把"状态 1"中的"唐诗的意境"复制到状态 2、3、4 中。方法是:首先选中"层"面板中的"文本"对象(见图 6-36 中"唐诗的意境"层),按 Ctrl+C 键,然后单击"状态"面板中的"状态 2",按 Ctrl+V 键;同样,对状态 3、4 使用相同的方法完成复制。

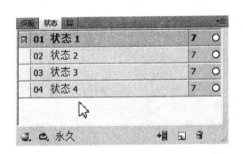

图 6-35 "状态"面板

图 6-36 "层"面板

需要说明的是,因为"过故人庄""乌衣巷"和"咏蝉"三个按钮都有"弹起""划过""按下""按下时滑过"四个状态,且每个按钮的这四个状态正好对应于图 6-35 经过复制所得的四个状态;又因为这三个按钮的四个状态都相同,所以在复制状态时,"状态 1"中的三个按钮元件不用再复制到其他状态中;而对于"文本"对象("唐诗的意境"层),因为它只出现在状态 1 中,所以仍需将"状态 1"中的"唐诗的意境"层复制到状态 2、3、4 中。

⑤ 在 Fireworks 中打开要用来实现翻转的"过故人庄"的图像,首先设置其图像大小为宽 320 像素、高 230 像素,按 Ctrl+C 键复制图像。然后回到正在编辑的翻转图文件,在"状态"面板中单击选中"状态 2",按 Ctrl+V 键把"过故人庄"图像粘贴到已经设置的切片上,最后调整好图像的位置及大小,如图 6-37 所示。重复此步骤,

分别将与"乌衣巷"和"咏蝉"相应的图像粘贴到"状态3"和"状态4"的切片上。

图 6-37　粘贴图像到切片上

⑥ 单击工具面板中的"选取"工具按钮,单击选中"状态"面板中的"状态1"。单击"过故人庄"按钮,则按钮上出现小圆柄,在小圆柄上单击并保持,拖动光标到旁边的切片上,此时按钮与切片间出现一条蓝线(此蓝线表示交换图像的行为),同时弹出"交换图像"对话框,在其中的"交换图像自"下拉列表框中选择"状态2",如图6-38所示。按照同样的方法,再设置"乌衣巷"按钮和"咏蝉"按钮的交换图像分别来自"状态3"和"状态4"。

⑦ 选择"文件"→"保存"菜单项将文件保存。单击文档窗口上的"预览"工具按钮,观看效果,如图6-39所示。

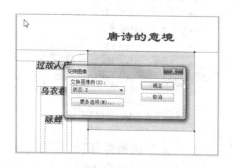

图 6-38　设置交换图像　　　　　　　　图 6-39　预览效果图

6.4　使用 Fireworks 创建动画

打开 Fireworks 软件,新建一个 400 像素×400 像素的画布,在右侧找到状态面板,如图 6-40 所示。

使用工具面板上的"文字"工具,在画布上写上文字"10",字号为100,其他均为默认即可,如图6-41所示。

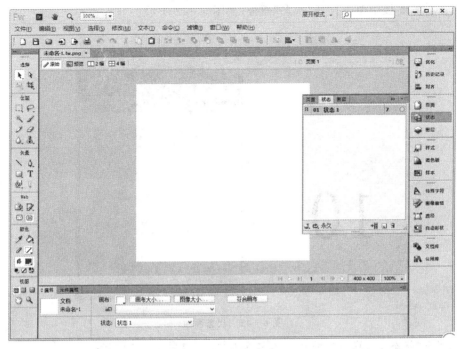

图 6-40 新建画布

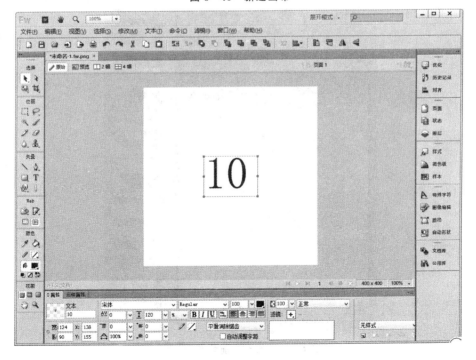

图 6-41 输入文字

在右侧面板中单击打开"状态"面板,如图6-42所示。

图6-42 状态面板

双击"状态1",修改当前状态的名称为"10",如图6-43所示。

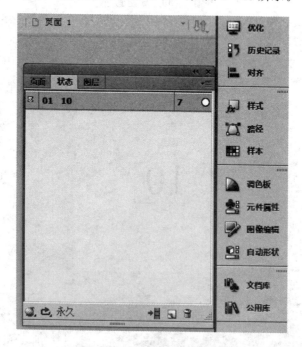

图6-43 修改当前状态的名称

在"状态"面板的右上角单击,出现如图6-44所示的内容,选择"重制状态"。

在"重制状态"对话框中,选中"当前状态之后",如图 6-45 所示。

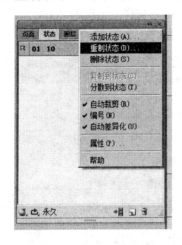

图 6-44 选择"重制状态"

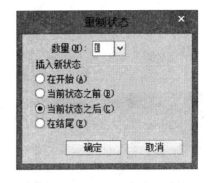

图 6-45 "重制状态"对话框

按照前面同样的方法,将"状态 2"重命名为"9",画布上的文字也改为"9",如图 6-46 所示。

图 6-46 状态"9"的设置

每个状态后边的数字 7 是动画播放的间隔秒数,以 1/100 秒为单位,这里改为 50 即可,如图 6-47 所示。

注意:可以全部一起选中状态,一次性修改播放间隔时间。

现在单击属性面板上的播放按钮,即可查看效果。

以上演示了复制一个状态的过程,下面

图 6-47 间隔秒数设置

一次性做完从状态 0 至状态 9 的效果。首先删除状态 9（删除状态直接单击图层并拖拽到垃圾箱中即可），然后选择"状态"面板，选择重制状态，具体如图 6-48 所示。

下面需要重置 10 个状态。首先依次修改状态名称如图 6-49 所示。

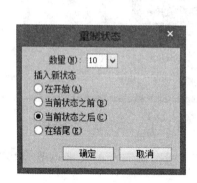
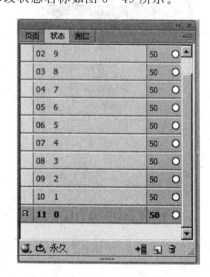

图 6-48　重制状态　　　　　图 6-49　修改 10 个状态的名称

然后依次选择每个状态，修改其对应的文字，如图 6-50 所示。

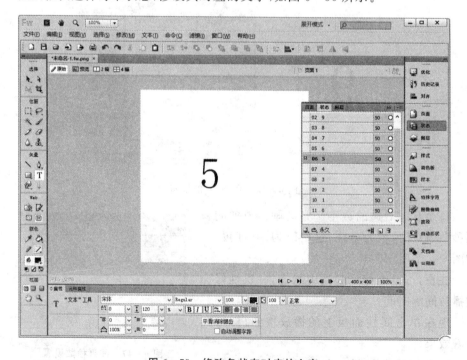

图 6-50　修改各状态对应的文字

单击播放预览按钮,此时可以自己调整时间,将最后一个状态 0 的间隔时间修改为 100,也就是 1 秒。然后将文件保存为 PNG 格式,最后另存为 GIF 动画格式即可,如图 6-51 所示。

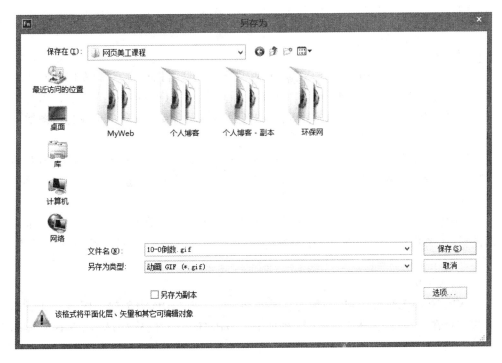

图 6-51　保存为.gif 动画格式类型文件

注意:在"另存为"之前,需要先选择图像预览,然后再选择.gif 动画格式类型保存,以免出现调整时间不起作用的情况。

6.5　网页图像优化与导出

网页图像设计的最终目的是创建能够尽可能快地被下载的优美图像,获得尽可能高的清晰度与尽可能小的文件尺寸,为此,必须进行图像优化,寻找颜色、压缩和品质的适当组合。

6.5.1　图像优化

1. 文件格式

每种文件格式都有不同的压缩颜色信息的方法,因此必须针对不同的文件类型对图像进行优化。

（1）GIF 文件

GIF 为图形交换格式，是一种很流行的网页图形格式。GIF 中最多包含 256 种颜色，还可以包含一块透明区域和多个动画帧。在导出为 GIF 格式时，包含纯色区域的图像的压缩质量最好。GIF 一般适用于卡通、徽标，以及包含透明区域的图形和动画。

（2）JPEG 文件

JPEG 是由 Joint Photographic Experts Group（联合图像专家组）专门为照片或增强色图像开发的一种格式，支持数百万种 24 位颜色。JPEG 一般适合于扫描的照片、使用纹理的图像、具有渐变颜色过渡的图像和任何需要 256 种以上颜色的图像。

（3）PNG 文件

PNG 即可移植网络图形，是一种通用的网页图形格式，也是 Fireworks 固有的文件格式，最多可支持 32 位颜色，可以包含透明度或 Alpha 通道。

（4）BMP 文件

BMP 为 Microsoft Windows 图像文件格式，也是一种常见的格式，用于显示位图图像，主要用在 Windows 操作系统上，同时，许多其他应用程序都可导入 BMP 图像。

（5）WBMP 文件

WBMP 即无线位图，是一种为移动设备（如手机或 PDA）创建的图像格式。此格式应用在无线应用协议（WAP）网页上。WBMP 是 1 位格式，因此只有两种颜色——黑与白。

（6）TIFF 文件

TIFF 即标签图像文件，是一种用于存储位图图像的图形文件格式，常用于印刷出版，许多多媒体应用程序也接受导入的 TIFF 图形。

（7）PICT 文件

PICT 是一种由 Apple Computer 公司开发的，用于 Macintosh 操作系统上的图像文件格式。大多数的 Macintosh 应用程序都能导入 PICT 图像。

Fireworks 中的每种图形文件格式都有一组优化选项。

2. 优化方式

（1）选择适合的文件优化导出格式

在面板组上单击"优化"，展开如图 6-52 所示的"优化"面板，并根据文件类型选择不同的文件优化导出格式，例如，若图像中的重复颜色区域较多或包含动画，则适合使用 GIF 格式；对于照片，则一般使用 JPEG 格式。

（2）设置格式选项

在 Fireworks 中，不同的图像格式具有不同的选项，例如，对于 GIF 格式，使用"抖动"特性可以补偿因减少颜色而造成的图像质量下降。

(3) 减小图像尺寸

可通过减少色阶(色阶指导出图像中颜色的数目)或删除不用的颜色,仅保留使用的颜色等方式来减少文件中使用的颜色数,从而减少图像尺寸。

(4) JPEG 格式优化

由于 JPEG 以 24 位颜色保存,所以当选择 JPEG 图像时,与其调色板对应的颜色表为空,无法通过编辑其调色板来优化 JPEG。对于 JPEG 格式,一般使用"优化"面板中的"平滑"特性对图像进行模糊处理,并使用"品质"特性来改变图像品质,从而达到减小或增大图像尺寸的目的。

图 6-52 优化导出格式

(5) GIF 或 PNG 格式优化

还应设置图像的透明颜色。只需单击"优化"面板左下角的"选择透明色"工具按钮,此时光标变为吸管,然后在文档预览窗口中选择要设置为透明色的颜色即可。

最后,在完成设置优化参数后,可利用文档的预览窗口观察要导出的图像效果。

6.5.2 图像导出

1. 导出向导

使用"导出向导"可以轻松地导出图像,而无须了解优化和导出的细节。选择"文件"→"导出向导"菜单项,启动"导出向导"对话框,如图 6-53 所示。

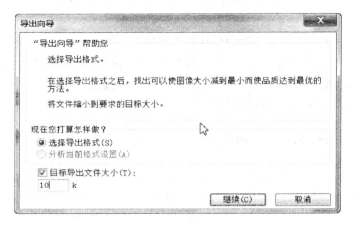

图 6-53 "导出向导"对话框

2. 导出预览

在"图像预览"对话框中可以预览 Fireworks 为当前文档建议的优化和导出选项,同时,还可更改其中的优化设置以符合需要,如图 6-54 所示。

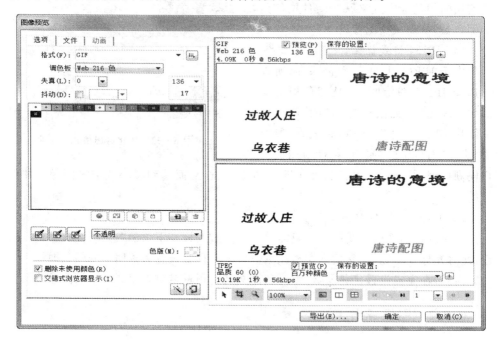

图 6-54 "图像预览"对话框

3. 一般导出

选择"文件"→"导出"菜单项,或者单击"图像预览"对话框中的"导出"按钮,在弹出的"导出"对话框中进行文件的导出与保存。

导出时,一般首先设置文件的保存路径和导出文件的名称;其次设置保存文件的类型,例如,若只导出一幅图片,则选择保存类型为"仅图像"即可,若文件中含有按钮等网页元素,则保存类型设为"HTML 和图像",接着设置 HTML 代码的导出方法;再设置图像中切片的导出方法;最后,单击对话框中的"保存"按钮,完成文件的导出。

6.5.3 Dreamweaver 中使用 Fireworks 文档

在 Fireworks 中制作的网页图形、图像最终要插入到由 Dreamweaver 制作的网页中。将 Fireworks 文档插入到 Dreamweaver 中的方式大致有以下几种:

① 如果在 Fireworks 文档中没有包含切片、热点和行为等代码,则首先将 Fireworks 图像文档导出为 Web 格式,如 GIF 或 PNG,然后在 Dreamweaver 中像插入其他图片一样,直接插入该图像文件即可。

② 如果在 Fireworks 文档中包含了切片、热点和行为等代码,则首先将 Fireworks 图像文档导出为"HTML 和图像"格式,然后在 Dreamweaver 中选择"插入"→"图像对象"→"Fireworks HTML"菜单项即可。

③ 在 Fireworks 中选择"编辑"→"复制 HTML 代码"菜单项,依照向导将 HTML 代码复制到剪贴板中,并导出文件到指定的文件夹中,然后在 Dreamweaver 中粘贴被复制的代码到指定位置。

6.6 小 结

通过本章的学习,了解了 Fireworks 网页作图软件,具体内容如下:
① 学习了 Fireworks 网页作图软件的用户界面。
② 学习了用 Fireworks 处理位图和制作网站广告栏图像。
③ 学习了用 Fireworks 制作按钮和导航栏。
④ 学习了用 Fireworks 创建简单动画以及图像的优化和导出。

习 题

1. 简述 Fireworks 的工作界面。
2. 位图对象和矢量对象有什么区别?
3. 如何对路径对象设置填充和特殊效果?
4. Fireworks 中提供几种类型的元件?
5. Fireworks 中常见的图像格式 GIF、JPEG 和 PNG 的区别是什么?

第7章 DIV+CSS 网页制作

7.1 认识盒模型

网页中的盒模型,简单地说是各种标签的抽象化,每一个标签都可以看成是一个盒子,网页就是由若干盒子相互嵌套或相互并列组合而成的,其组合方式主要遵循代码的编译顺序,由上至下,由左至右。

在可视格式化模式中,所有标签都产生了特定的盒子类型,而显示这些盒子的方法被称为盒模型。了解盒模型对于理解用级联样式表如何显示网页至关重要。

7.1.1 盒模型概述

1. 树状文档

每个网页实际上是标签和内容的树。这些树的类型与计算机科学中使用的数据结构类型相同。

树是以标签层次结构表示信息的一种方法,可以将其看成与宗谱家族树类似的结构,起始于某个祖先,然后向下派生。曾祖母位于最上层,她的子女(包括祖母)位于下面的第二层,母亲及其兄弟姐妹、堂兄弟姐妹位于下面的第三层,你和你的同辈成员位于第四层。

同样,对于 HTML 文档,可以认为＜html＞标签是最上面的一棵树。这里,＜html＞是根标签。

＜html＞标签有两个子女:＜head＞和＜body＞。它们在树中较低的层次显示,即在下面的层次显示。＜head＞也有子女,＜title＞就是其中一个;在外部样式表中也许存在另一个子女＜link＞。＜body＞标签包括页面的内容,可以是从＜h1＞或＜table＞到＜div＞或＜hr＞的任何内容。有些标签也许有自己的子女,也许没有。

树的每个部分称为节点。节点既可以是标签(可能与子女一起),也可以是某些文本。文本节点不能有子女,它们只是文本而已。例如:

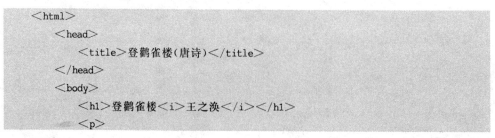

白日依山尽,黄河入海流。
欲穷千里目,更上一层楼。
    </p>
  </body>
</html>
```

《登鹳雀楼》这首诗在网页中的如上代码,按树状模型可分解为如图 7-1 所示。

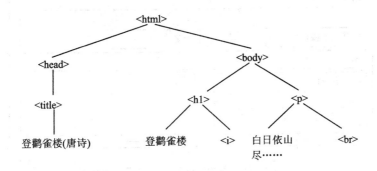

图 7-1 网页树状模型图

**2. 盒子型文档**

将 HTML 文档定义为数据树后,就可以将其直观地解释为一系列盒子。对于 Web 开发者来说,这可能是思考页面设计最简单的方法。但是,首先通过可视化树来理解页面非常重要,因为那是 CSS 浏览器考察页面的方式。

用户可以认为这些盒子是装载其他盒子或文本值的容器。除了树中对应于根节点的盒子外,CSS 盒模型中的每个盒子都装在另一个盒子内。外面的盒子称为"包含盒"。块包含盒可以装其他块盒子或内联盒子,内联包含盒只能装内联盒子。

在图 7-2 中可以看到,将《登鹳雀楼》表示为一系列内嵌的盒子。有些盒子没有标签,只有盒子存在,这些盒子被称作"匿名盒"。只要标签包含混合内容——文本和一些 HTML 标签,就都会产生匿名盒,此时文本部分变成了匿名盒。匿名盒的样式设计与其包含盒相同。

同时注意,<br>标签是一个空标签,不包含任何内容,但仍然产生一个盒子。<head>盒子在图 7-2 中出现,但是在 HTML 文档中,<head>标签被定义为"display:none;",这就是用户从来看不见<head>标签中内容的原因。

**3. 盒模型的显示**

通过建立如图 7-1 所示的树,然后再填充盒模型,浏览器就可确定必有一个盒子存在,于是,它会根据自身显示 HTML 的内部规则或根据盒子的样式属性来显示该盒子。

在某种程度上,所有 CSS 属性都是盒子的显示属性,它们控制着盒子如何显示。一个盒模型由 content(内容)、border(边框)、padding(填充也叫内边距)和 margin
```

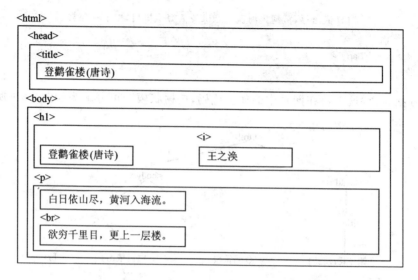

图 7-2 网页内的容器元素的盒模型文档图

(边界也叫外边距)4个部分组成,如图 7-3 所示。CSS 盒模型都具备这些属性。

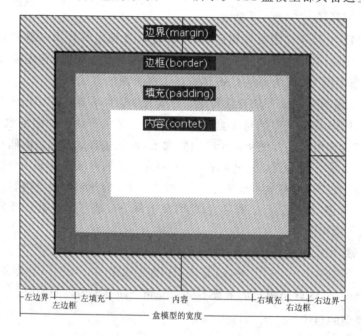

图 7-3 盒模型图

可以把盒模型想象成现实中上方开口的盒子,然后从正上方往下俯视,边框相当于盒子的厚度,内容相当于盒子中所装物体的空间,填充相当于为防震而在盒子内填充的泡沫,边界相当于在这个盒子周围留出的一定的空间,以方便取出。所以,整个盒模型在页面中所占的宽度由"左边界+左边框+左填充+内容+右填充+右边框+右边界"组成,而在 CSS 样式中,weight 所定义的宽度仅仅是内容部分的宽度。

当这些属性被赋值后,就会影响盒子的宽度和高度。

(1) 盒模型的宽度

盒模型的宽度=margin-left(左外边距)+border-left(左边框)+padding-left(左内边距)+width(内容宽度)+padding-right(右内边距)+border-right(右边框)+margin-right(右外边距)。

(2) 盒模型的高度

盒模型的高度=margin-top(上外边距)+border-top(上边框)+padding-top(上内边距)+height(内容高度)+padding-bottom(下内边距)+border-bottom(下边框)+margin-bottom(下外边距)。

例如:盒模型的宽度、高度计算(见图 7-4)。

```
<style type="text/css">
div {
    margin: 30px;
    padding: 20px;
    height: 100px;
    width: 100px;
    border: solid 20px #CCFFFF;}
</style>
```

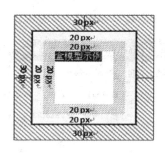

图 7-4 盒模型的宽度、高度计算

计算结果是:

DIV 的宽度=30 px+20 px+20 px+100 px+20 px+20 px+30 px=240 px

DIV 的高度=30 px+20 px+20 px+100 px+20 px+20 px+30 px=240 px

7.1.2 元素类型

HTML 文档中的元素默认被分为两种:块元素(block element)与行内元素(inline element)。

1. 块元素

块元素是独立的,显示时独占一行。

常见的块元素有:p、div、ul、li、h1、dt……

2. 行内元素

行内元素都在一行内显示。

常见的行内元素有:a、img、span、strong……

例如:元素类型的使用。

```
<style type="text/css">
.block{
    background-color:#6CF;
}
.inline{
    background-color:#F9F;
}
</style>

<body>
<p class="block">块元素</p>
<p><strong class="inline">块元素在显示时会独占一行</strong>,常见的块元素有 p、ul、li...</p><p class="block">行内元素</p>
<p><a class="inline" href="#">行内元素</a>在一行内显示,常见的行内元素有 strong、a、span...</p>
</body>
```

上述代码在浏览器中的预览效果如图 7-5 所示。

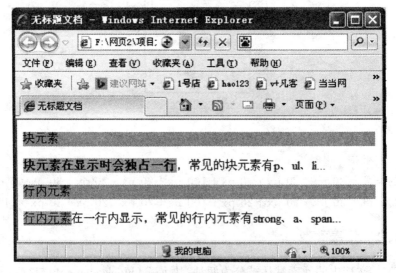

图 7-5 元素在浏览器中的预览效果

3. 块元素与行内元素的转换

块元素与行内元素可以通过"区块"分类中 display 的属性值"block"(块)与"inline"(行内)进行互相转换。

7.2 认识 DIV 标签

<DIV>(division)是一个区块容器标签,可以称它为"DIV block""DIV element""CSS-layer",或者干脆叫"layer"。在<DIV>与</DIV>之间可以放置任何内容,包括其他的 DIV 标签。也就是说,DIV 只是一个没有特性的容器而已。

DIV 块作为一个独立的对象,在 CSS 样式控制下有着灵活的表现形式,从而形成了另外一种组织布局形式——DIV+CSS。

7.2.1 插入 DIV 标签

插入 DIV 标签的步骤是:

① 创建一个 HTML 文档。

② 选择"插入"→"布局对象"→"DIV 标签"菜单项,或者单击"插入"面板上的"布局"→" DIV 标签",弹出"插入 Div 标签"对话框,如图 7-6 所示。此处必须设定一个类或 ID,以便于应用 CSS 样式。

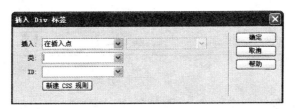

图 7-6 "插入 Div 标签"对话框

③ 在 ID 处输入"top",单击"确定"按钮,在 Dreamweaver 的设计窗口中出现如图 7-7 所示的 DIV 块,表明插入了一个 ID 名为"top"的 DIV 标签。

图 7-7 显示 ID 名为"top"的 DIV 标签

7.2.2 设置 DIV 属性

DIV 是容器,是块元素,也是一个盒子,其主要的属性就是盒模型的一些基本属性,包括边框、内边距、外边距,以及 DIV 容器的位置。

参照 5.8.1 小节内容及图 5-93 和图 5-94,创建一个 ID 为 top 的 CSS 规则,弹出"♯top 的 CSS 规则定义"对话框,DIV 标签的常见属性主要在"方框""边框"和"定位"分类里设定。

1. "方框"分类属性

在"分类"列表框中单击"方框",在右侧显示出"方框"的属性,如图 7-8 所示。

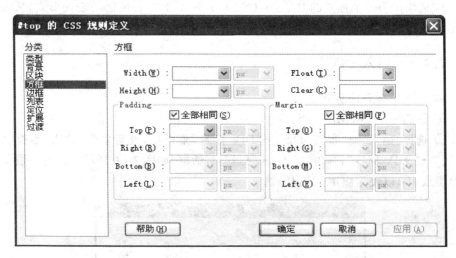

图 7-8 "方框"分类

"方框"的属性包括:

① Width:设置 DIV 的宽度。

② Height:设置 DIV 的高度。

在此处,Width 与 Height 分别设为 200,单击"确定"按钮,在设计视图中出现 DIV 块。

③ Padding:设置 DIV 的内边距,也就是从内容到边框的距离。

④ Margin:设置 DIV 的外边距,也就是边框与父容器或其他容器之间的距离。

在此处,设置所有 Padding 为 20,所有 Margin 为 20,单击"确定"按钮后的效果如图 7-9 所示。

⑤ Float:浮动,定义元素浮动到左侧或右侧。以往该属性总应用于图像,使文本围绕在图像周围。

HTML 中的元素在浏览器中是按照流方式显示的,行内元素从左到右,块元素从上到下。

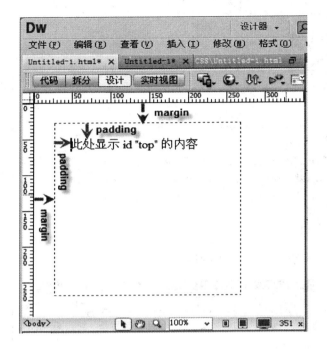

图 7-9 效果图

在 CSS 中,任何元素都可以浮动。浮动元素不论其本身是何种元素,都会生成一个块级元素。元素对象设置了 Float 属性之后,将脱离文档流的显示方式,不再独自占据一行,可以向左或向右移动,直到它的外边缘碰到包含它的边框或另一个浮动块的边框为止,后面的元素会围绕它显示。

Float 属性有 4 个可用的值:left 和 right 分别使元素浮动到左和右的方向,none (默认)使元素不浮动,inherit 使元素从父级元素获取 Float 值,如表 7-1 所列。

因为 DIV 容器是水平方向的容器,所以要想让 DIV 成列布局,就需要对 DIV 容器用到 Float(浮动)属性。

表 7-1 Float 属性表

值	描 述
left	元素向左浮动
right	元素向右浮动
none	默认值。元素不浮动,而在文本中出现的位置处显示
inherit	设置应从父元素继承 Float 属性的值

例如:设置 Float 属性的代码如下:

```
<html>
<head>
<style type = "text/css">
```

```
div {
    height: 100px;
    width: 100px;
    margin-top: 15px;
    border: 1px dashed #33F;
}
</style></head>
<body>
<div id = "div1">此处显示 id "div1"的内容</div>
<div id = "div2">此处显示 id "div2"的内容</div>
<div id = "div3">此处显示 id "div3"的内容</div>
</body>
</html>
```

代码预览显示结果如图 7-10 所示。

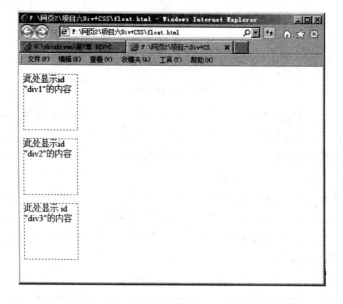

图 7-10　正常 DIV 显示

给 DIV 设置 Float 属性，使 div1 向右浮动，div2 向左浮动，在 style 标签内添加如下代码：

```
#div2 {
    float: left;
}
#div1 {
    float: right;
}
```

添加浮动代码后的预览效果如图 7-11 所示。

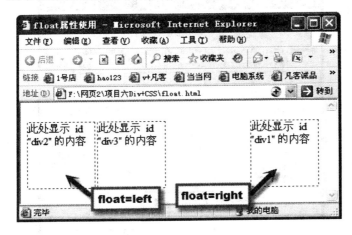

图 7-11　添加浮动代码后的预览效果

⑥ Clear：清除浮动。其值有 left、right、both、none 和 inherit，如表 7-2 所列。

当 DIV 容器使用 Float 属性完成布局后，为了避免影响其后续 DIV 容器的布局，需要及时对其清除浮动，推荐使用 Clear 属性的 both 值。

表 7-2　Clear 属性表

值	描　　述
left	在左侧不允许浮动元素
right	在右侧不允许浮动元素
both	在左、右两侧均不允许浮动元素
none	默认值。允许浮动元素出现在两侧
inherit	设置应从父元素继承 Clear 属性的值

如上例，要想使 div3 不受 div2 浮动的影响，恢复其在原始文档流位置处显示，则在 style 标签中插入 CSS 规则"♯div3{clear:left;}"即可，预览效果如图 7-12 所示。

2．"边框"分类属性

在"分类"列表框中单击"边框"，如图 7-13 所示。

"边框"的属性包括：

① Style：边框的样式。

② Width：边框的粗细。

③ Color：边框的颜色。

边框的 3 个属性可简写为"border：width style color"，例如，"border：2px solid red"。

图 7-12 清除浮动的预览效果图

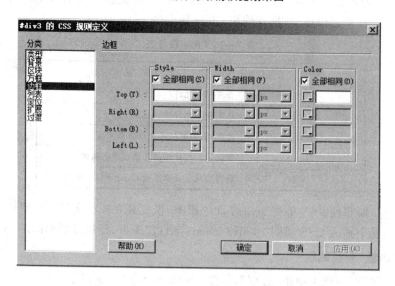

图 7-13 "边框"分类

3. "定位"分类属性

在"分类"列表框中单击"定位",如图 7-14 所示。

"定位"属性包括:

① Position:定位,它有 4 个属性值:static(静态)、relative(相对定位)、absolute(绝对定位)、fixed(固定)。

- static:默认值,无定位,元素按正常文档流显示。

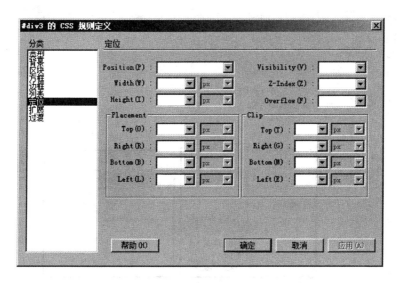

图 7-14 "定位"分类

- relative：定位为 relative 的元素脱离正常的文档流，但其在文档流中的位置依然存在，且所占用的空间依然保留，通过 Placement 的属性值来设置相对于其正常文档流位置所偏移的距离。相对定位对象可层叠，层叠顺序可通过 Z-Index 属性来控制。

例如：relative 相对定位的代码如下：

```
<style type = "text/css">
# parent {
    height: 200px;
    width: 200px;
    border: solid 2px;
}
.sub {
    height: 80px;
    width: 100px;
    border: solid 1px;
}
# sub1 {
    position: relative;
    left: 30px;
    top: 30px;
    background-color: # C9F;
}
</style>
<body><div id = "parent">
```

```
<div id = "sub1" class = "sub">Relative 相对</div>
  <div class = "sub">static 静态</div>
</div>
</body>
```

代码预览显示结果如图 7-15 所示。

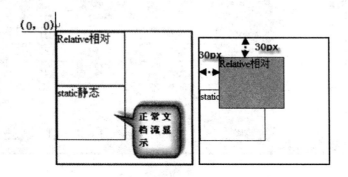

图 7-15 相对定位示意图

- absolute：将被赋予此定位方法的对象从文档流中拖出，它与 relative 的区别是其在正常文档流中的位置不再存在。使用 Placement 的属性值来对相对于其最接近的一个具有定位设置的父级对象进行绝对定位，如果对象的父级没有设置定位属性，则依据 body 对象的左上角作为参考进行定位。绝对定位对象同样可通过 Z-Index 属性进行层次分级。

例如：absolute 绝对定位（父级没有设置定位属性）的实例如下。

接上例，将#sub1 的定位变为 absolute，修改内容如下：

```
<div id = "sub1" class = "sub">absolute 绝对</div>
#sub1 {
    position:absolute;
    left:30px;
    top:30px;
    background-color:#C9F
}
```

修改为绝对定位的预览效果如图 7-16 所示。
- fixed：特殊的 absolute 始终以 body 为定位对象，按照浏览器窗口进行定位。

② Width 与 Height：设置元素的宽和高。

③ Visibility：元素可见性，指当块内元素中的内容超出边界后的显示设置。属性值有 inherit、visible 和 hidden。

- inherit：从父元素继承 visibility 的值。
- visible：默认值，元素可见。

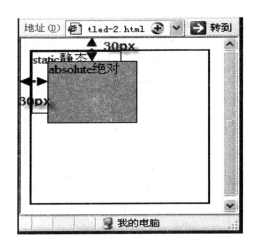

图 7-16 绝对定位示意图

- hidden：元素不可见。

④ Z-Index：设置元素的堆叠顺序,该属性设置一个定位元素沿 Z 轴的位置,Z 轴定义为垂直延伸到显示区的轴。数字越大越处于上层,可以为正,也可以为负。

⑤ Overflow：溢出。当元素超过区块的容纳范围时会产生溢出。其属性值有 visible、hidden、scroll 和 auto。

- visible：默认值,显示超出的部分。
- hidden：隐藏超出的部分。
- scroll：产生滚动条,不管是否溢出都产生滚动。
- auto：自动,超出时产生滚动条,不超出时不产生滚动条。

⑥ Placement：设置脱离正常文档流的元素的位置相对于其正常文档流位置所偏移的距离,包括 4 个属性值：left,right,top,bottom。

⑦ Clip：剪裁绝对定位元素。该属性用于定义一个剪裁矩形,对于一个绝对定位元素,在该矩形内的内容才可见。超出剪裁区域的内容会根据 Overflow 的值来处理。剪裁区域可能比元素的内容区域大,也可能比元素的内容区域小。

7.3 利用 DIV+CSS 进行网页布局的简单实例

7.3.1 网页布局框架实现

使用 DIV+CSS 制作一个如图 7-17 所示的网页布局,网页居中显示。
结构代码如下所示：

```
<div id = "container">
<div id = "head"></div>
```

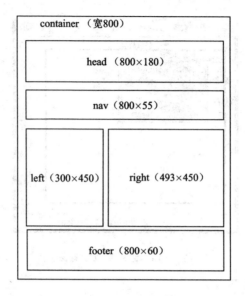

图 7-17 网页布局

```
<div id="nav"></div>
<div id="left"></div>
<div id="right"></div>
<div id="footer"></div>
</div>
```

CSS 控制代码如下：

```
#container {
    width: 800px;
    margin-right: auto;
    margin-left: auto;
}
div {
    border: 1px solid #CCC;
}
#nav {
    height: 55px;
}
#head {
    height: 180px;
}
#left {
    height: 450px;
    width: 300px;
```

```
        float: left;
}
#right {
    height: 450px;
    width: 496px;
float:right;
}/*在水平方向上边框占了4个像素*/
#footer {
    height: 60px;
    clear: both;
}
```

7.3.2 "瓷文化"网页布局

使用 DIV+CSS 制作一个如图 7-18 所示的网页,网页居中显示。

图 7-18 网页效果图

1. 搭建框架

分析网站首页的结构。通过分析效果图可以发现,网站首页大致分为以下几个部分:

- 头部,其中包括了网页 logo 标识和导航;

- banner 部分,用于显示与网页内容相关的图片或动画;
- 主体部分,又可分为左边内容和右边内容;
- 版尾,包括一些版权信息。

经过以上分析,设计出首页的基本布局图及 DIV 的嵌套关系,如图 7-19 所示。

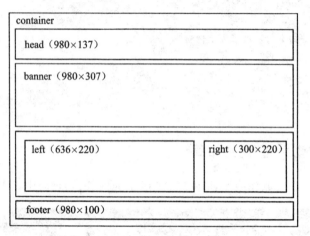

图 7-19 布局规划图

框架结构的 XHTML 代码如下:

```
<body>
<div id="container">
    <div id="head"></div>
    <div id="banner"></div>
    <div id="content">
        <div id="left"></div>
        <div id="right"></div>
    </div>
    <div id="footer"></div>
</div>
</body>
```

2. 添加内容

(1) 头部内容

头部内容设计如图 7-20 所示。

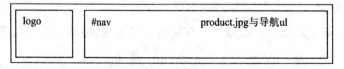

图 7-20 头部内容布局

框架结构的 XHTML 代码如下：

```
<div id="head"><img src="images/logo.jpg" width="148" height="79"/>
    <div id="nav"><img src="images/product.jpg" width="210" height="52"/>
        <ul>
            <li><a href="#">首页</a></li>
            <li><a href="#">关于我们</a></li>
            <li><a href="#">业务范围</a></li>
            <li><a href="#">产品展示</a></li>
            <li><a href="#">合作客户</a></li>
            <li><a href="#">人才招聘</a></li>
            <li><a href="#">联系我们</a></li>
        </ul>
    </div>
</div>
```

（2）banner 部分内容

banner 由一张图片组成。光标放在"代码"视图中的"<div id="banner">"后，插入图片 banner.jpg。具体代码如下。

```
<div id="banner"><img src="images/banner.jpg" width="980" height="287"/></div>
```

（3）主体部分内容

1）左边内容

从效果图 7-18 上看，左边内容有一个圆角矩形的边框，其上、下圆角部分要通过切图作为图像插入后来实现，因此左边内容分为上边框、主要内容和下边框 3 部分，两边的边框用背景图像实现。主要内容又分为上、下两部分，即标题和内容。其结构如图 7-21 所示。

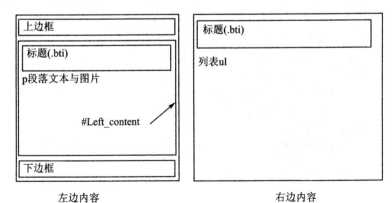

图 7-21　主体内容布局

左边内容添加完成,其具体代码如下:

```
<div id = "left">
<img src = "images/bk_top.jpg" width = "636" height = "9" />
    <div id = "left_content">
        <div class = "bti">
        <img class = "bt_img" src = "images/about.png" width = "146" height = "18" />
        <img class = "bt_more" src = "images/more1.jpg" width = "40" height = "17" />
        </div>
        <p>景德镇瓷器造型优美,品种繁多,装饰丰富,风格独特。瓷质"白如玉、明如镜、薄如纸、声如磬",景德镇陶瓷艺术是中国文化宝库中的重要财富。景德镇瓷雕制作可以追溯到一千四百多年前,远在隋代就有"狮"、"象"、大曾的制作。当代的景德镇,瓷雕工艺精湛,工艺种类齐全,有圆雕、捏雕、镂雕、浮雕等;千姿百态、栩栩如生;装饰丰富,有高温色釉、釉下五彩、青花斗彩、新花粉彩等;艺术表现力强,有的庄重浑厚,有的典雅清新,有的富丽堂皇,鲜艳夺目……
        <a href = "#">详细</a></p>
        <img class = "pic" src = "images/content.png" width = "151" height = "120"/>
    </div>
<img src = "images/bk_bottom.jpg" width = "636" height = "11"/>
</div>
```

2) 右边内容

右边内容插入完毕,其具体代码如下:

```
<div id = "right">
    <div class = "bti">
    <img src = "images/news.jpg" width = "95" height = "18" class = "bt_img"/>
    <img src = "images/more2.jpg" width = "40" height = "17" class = "bt_more"/>
    </div>
    <ul>
        <li>2016 年新春团拜会</li>
        <li>红叶陶瓷公司冬季活动</li>
        <li>红叶陶瓷公司 2016 年迎春团拜会</li>
        <li>红叶陶瓷公司业界联盟 2016 首届年会</li>
        <li>红叶陶瓷股份有限公司喜迎春节</li>
        <li>瑶里风景一日游</li>
        <li>玉兔回宫辞旧岁,祥龙降瑞迎新春!</li>
        <li>古窑民俗博览区游</li>
    </ul>
</div>
```

(4) 版　尾

版尾内容是版权声明,把光标放在"代码"视图中的"<div id="footer">"后,直接输入"红叶陶瓷股份有限公司版权所有© 2016—2020"即可。

至此,页面内容添加完毕,HTML 文档结构完成,网页设计图如图 7-22 所示。

图 7-22　添加内容后的网页设计图

3. 美化网页

具体步骤是:

① 创建 CSS 文档。

② 初始化文档 CSS 规则定义,具体代码如下。

```
body {
    font-size: 12px;
    background-image: url(images/bg.jpg);
    background-repeat: repeat-x;
    margin: 0px;
    padding: 0px;
```

```
}
#container {
    width:980px;
    margin:50px auto 0px auto;
}
```

③ 美化头部,图7-23为美化后的网页头部效果图。

图7-23 网页头部效果图

具体代码如下。

```
#head {
    height: 137px;
}
#head img {
    float: left;
    margin-top: 30px;
}
#nav {
    float: right;
    height: 137px;
    width: 830px;
}
#nav ul li a {
    color: #FFF;
    text-decoration: none;
    line-height: 180%;
    padding:0px 10px;
}

#nav ul li a:hover {
    background-color: #F60;
}
#nav ul li {
    text-align: center;
    float: left;
    list-style-type: none;
    margin-right:1px;
```

```
        padding:0px 10px;
        border-right:1px solid #FFF;
        width: 80px;
}
#nav img {
    float: right;
    margin: 20px 0px;
}
#nav ul {
    clear: both;
    background-image: url(images/nav_01.jpg);
    background-repeat: repeat;
    overflow: hidden;
}
```

④ 美化 banner。banner 处只是一张图片,不用美化。

⑤ 美化内容,对左、右内容分别美化:

ⓐ 左边内容美化,图 7-24 为左边内容经 CSS 美化后的效果图。

图 7-24 左边内容经 CSS 美化后的效果图

具体代码如下:

```
#left {
    height: 210px;
    width: 636px;
    float: left;
    background-image: url(images/bk_center.jpg);
    background-repeat: repeat-y;
}
#right {
    float: right;
    height: 210px;
```

```css
    width: 300px;
}
#content {
    margin-top: 25px;
    overflow: hidden;
}
#left_content {
    padding:0px 20px;
    height:190px;
}
.bti {
    border-bottom:1px dashed ;
    overflow: hidden;
}
.bt_more {
    float: right;
}
p {
    line-height: 180%;
    text-indent: 2em;
    float: left;
    width: 425px;
}
.pic {
    float: right;
    margin-top: 15px;
}
.bt_img {
    float: left;
}
```

ⓑ 右边内容美化，图 7-25 为右边内容经 CSS 美化后的效果图。

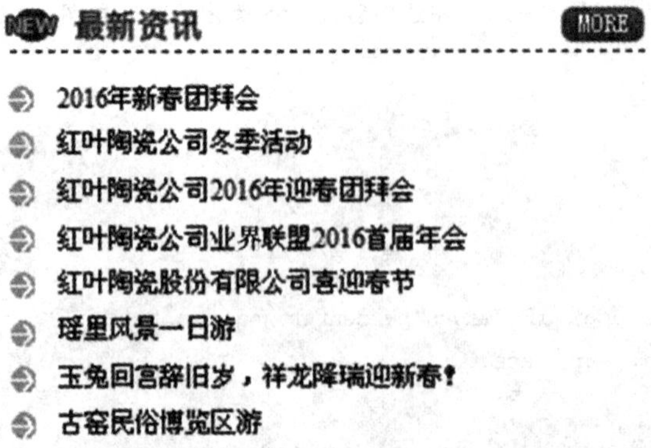

图 7-25 右边内容经 CSS 美化后的效果图

具体代码如下:

```css
#right {
    float: right;
    height: 220px;
    width: 300px;
}
#right ul li {
    line-height: 200%;
    padding-left: 25px;
    list-style-type: none;
    background:url(images/pic.png) no-repeat left center;
}
#right ul {
    padding-left: 0px;
    margin-top: 0px;
}
```

⑥ 美化版尾,图 7-26 为版尾内容经 CSS 美化后的效果图。

图 7-26 版尾内容经 CSS 美化后的效果图

创建 ID 为 footer 的 CSS 规则,设置其高度为 100 px,行高为 100 px,文本居中对齐。具体代码如下。

```css
#footer {
    text-align:center;
    line-height:100px;
    height:100px;
}
```

7.4 利用 DIV+CSS 布局网页

7.4.1 网站建设规划

1. 确定网站风格

由于要制作的网站是鲜花网站,鲜花给人带来美好,使人感觉温馨,因此网站的风格确立为温馨、喜庆、青春与时尚。

(1) 网站整体布局

经过考察与思考,确定网站的整体布局如图 7-27 所示。

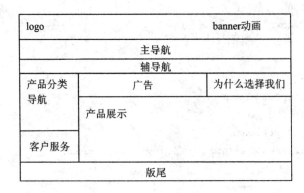

图 7-27 网站的整体布局

(2) 颜 色

由于是鲜花网站,因此主要产品就是鲜花。而花会呈现很丰富的颜色,因此网页的主体颜色没有设定,背景就用默认的白底,只是在导航栏和一些分类标题栏处加上背景色或背景图像,给分块内容加上边框。网站颜色主要是红色与绿色,代表喜庆和青春。

(3) 文 本

主体文本字号为 12 px,主导航文本字号为 14 px,分类标题文本字号为 16 px。文本字体全部为默认字体。

2. 规划网站结构

本网站为在线鲜花网站,主要目的是在线销售鲜花,因此网站的主要内容是销售不同场合下需要的鲜花和礼品。归纳起来大致有:鲜花、蛋糕、商务鲜花、绿植花卉、卡通花束、开业花篮、品牌公仔等,这样,首页的主导航内容就明确了。网站结构如图 7-28 所示。

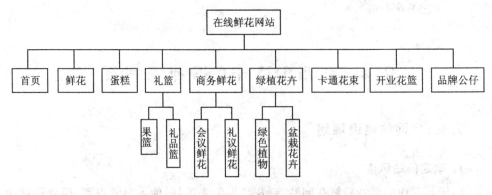

图 7-28 网站结构图

7.4.2 前期制作准备

1. 搜集素材

根据主题内容搜集或制作素材。在此网页中要搜集与鲜花和蛋糕相关的图片,以及用于制作 banner 与广告的素材。搜集的素材图片如图 7-29 所示。

图 7-29 素材图片

2. 制作 banner 动画

使用 Flash 软件在素材图片上制作蝴蝶在花上飞舞的动画。制作 logo 并放置在合适的位置上,动画完成的效果如图 7-30 所示。

图 7-30 banner 动画图

3. 绘制伪界面

在动手开始制作网页之前,先要进行网页界面设计,可使用 Photoshop 或 Fireworks 等图像软件绘制出网页设计效果图,一般称该效果图为伪界面。

本网站通过前面的规划设计,在 Fireworks 中绘制出的网页伪界面效果如图 7-31 所示。

图 7-31 伪界面效果

在伪界面中,为了制作快速方便,文本与图片都使用了直接复制的方式,在后面的网页制作中可再进行更改。伪界面主要是设计布局与外观。

4. 拆分图纸获取素材

在网页编辑软件 Dreamweaver 中无法实现的效果应考虑用图像来完成,例如圆角边框、颜色渐变效果,这些图就要在伪界面上通过切图来获得。

(1) 切图的原则与技巧

切图要把握一个原则:能用 CSS 编写的,尽量不要用图片。如果首页图片很多,则网站打开时就会很慢,一是因为图片多,需要下载的文件体积增大;二是因为下载每一个图片都会对服务器有一个请求,从而增大了浏览器与服务器之间的交互次数。如果能把纯色的部分用 CSS 来写,就不要为了省事而直接切图,这样会极大提高网站的运行效率。

如果遇到有渐变色的背景,则可沿着与渐变色相同的方向切一个像素的条纹,然后用 CSS 中 Background 属性的 repeat-x 或 repeat-y 值来自动填充。对于有圆角的导航条图片,可以将两边的圆角部分单独切出来,中间如果有渐变色,也只切一个像素的条纹,切出来的三个条纹可以合并到一张图片里(上、中、下,或者左、中、右),然后,当在网页中使用时,用 CSS 中的 Background-position 属性来定位图片出现的位置。

在切割效果图的过程中,对图片的保存格式也有规定,一般来说,用图像工具(如 Fireworks)制作的、色彩绚丽的按钮或图标都存为 PNG 格式,而用相机拍摄的风景或人物以及物体图像则多用 JPG 格式保存,GIF 格式一般用来存储含有简单动画效果的图像。另外,需要注意的一点是,如果图片中使用了透明效果,则要保存为 PNG-8 格式,因为 PNG 的其他格式要么不支持透明,要么保存时文件大很多,而 PNG-8 格式是"性价比"最高的。

(2) 切图分析

观察伪界面效果图,从切图的原则出发,应该切取的素材图片如图 7-32 所示。

图 7-32 切取的素材图片

(3) 切　　图

切图的步骤是:

① 为了切图方便,在"图层"面板把要切图位置的文本隐藏。

② 在工具栏中单击"切片"工具按钮,按上述分析切取需要在 Fireworks 或 Photoshop 中打开的图片,切图的操作图如图 7-33 所示。

③ 选择"文件"→"存储为 Web 和设备所用格式"菜单项,打开"存储为 Web 和设备所用格式"对话框。在对话框右侧的"预设"下拉列表框中选择"JPGE 中",如图 7-34 所示。

④ 单击"存储"按钮,打开"将优化结果存储为"对话框,选择保存路径,输入文件名,"保存类型"选择"仅图像","切片"选择"所有切片"(包括手动切片与自动生成的切片),单击"确定"按钮。

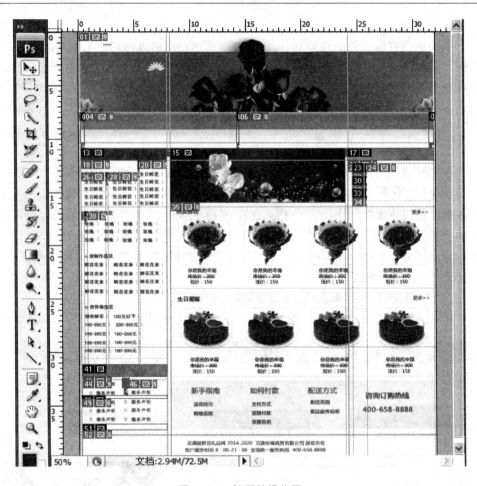

图 7-33 切图的操作图

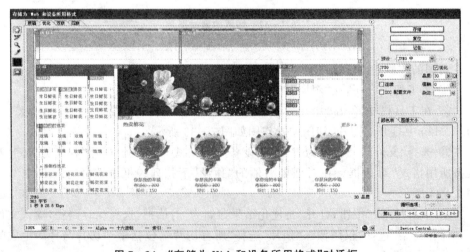

图 7-34 "存储为 Web 和设备所用格式"对话框

⑤ 在保存目录下自动生成一个"images"文件夹来保存这些切片图片。打开"images"文件夹,把不需要的图片删除,留下需要的即可。

7.4.3 案例效果分析

1. 网站分析

(1) 布局结构分析

从伪界面效果图可以看出,此页面从上往下由 4 个部分组成,头部(head)的 banner 动画,往下是导航栏(nav),再往下是主体内容(content),最后是版尾(footer)。主体内容由左、右两部分组成:左边(left)由"鲜花导购"(xianhuadg)和"客户服务"(service)组成,右边(right)从上往下又分为 4 块。该页面的布局结构如图 7-35 所示。

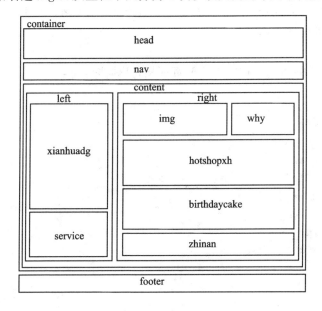

图 7-35 页面的布局结构

(2) 外观效果分析

从效果图上可以看出其外观效果为:

① 导航部分有圆角矩形的背景;

② "鲜花导购"(xianhuadg)、"客户服务"(service)和"为什么选择我们"(why)这3部分的外观相似,标题都有圆角矩形背景,内容都有圆角边框。

③ "鲜花导购"中的分类标题前有小三角图标,有淡粉色渐变背景。"客户服务"中的内容前有小方块图标。"为什么选择我们"内部的"品牌""新鲜""快捷"文字有背景图。

④ "热卖鲜花"(hotshopxh)与"生日蛋糕"(birthdaycake)这 2 部分的外观相似,

标题都有背景色,内容都有边框,内部的图片也都有边框,图片下面的文字效果也一样。"新手指南"(zhinan)有背景色。

2. 网站制作

(1) 创建站点

创建站点的步骤是：

① 创建文件与文件夹：

ⓐ 在"文件"面板的站点根目录下创建主页 index.html 文档。

ⓑ 在站点根目录下分别创建用于放置网页图片素材的 images 文件夹和放置 CSS 文件的 style 文件夹。

ⓒ 将所需素材复制到站点的 images 文件夹内。

ⓓ 新建一个 CSS 文档,保存为 style.css,保存在 style 文件夹下。

② 将 CSS 链接至页面。

(2) 搭建框架

按照前面分析的布局结构图搭建网页框架,具体步骤是：

① 打开 index.html 文件。

② 按照布局图插入 DIV 标签。具体代码如下。

```
<body>
<div id="container">
    <div id="head"></div>
    <div id="nav"></div>
    <div id="content">
        <div id="left">
            <div id="xianhuadg"></div>
            <div id="service"></div>
        </div>
        <div id="right">
            <div id="why"></div>
            <div id="hotshopxh"></div>
            <div id="birthdaycake"></div>
            <div id="zhinan"></div>
        </div>
    </div>
    <div id="footer"></div>
</body>
```

初始化网页的 CSS 规则代码如下。

```css
*{margin: 0px;
    padding: 0px;}
body {
    font-size: 12px;
}
#container {
    width: 900px;
    margin-right: 0 auto;
}
a {
    color: #666;
    text-decoration: none;
}
a:hover {
    color: #C00;
    text-decoration: underline;
}
ul {
    margin: 0px;
    padding: 0px;
    list-style-type: none;
}
.clear {
    clear: both;
}/* 清除浮动 */
```

(3) 网页细化

由于网页内容较多,又比较复杂,因此在这里分部进行制作。

1) head 部分的制作

head 部分的内容包括 banner 动画以及右上角的"收藏本站"和"联系我们"两个超链接,插入这些内容的结构代码如下。

```
<div id="head">
<object...<!-- 头部 banner 动画 -->
    <ul><li><a href="#">收藏本站</a></li>
        <li><a href="#">联系我们</a></li>
    </ul>
</div>
```

根据外观设计效果,创建 CSS 规则如下。

```css
#head {
    position: relative;
}
#head ul {
    position: absolute;
    left: 668px;
    top: 10px;
    width: 199px;
}
#head ul li {
    float: left;
    margin-left: 30px;
}
```

保存网页,在浏览器中预览的效果如图 7 - 36 所示。

图 7 - 36　head 部分的预览效果

2) nav 部分的制作

nav 部分由主导航和辅导航组成。导航采用 ul 标签实现,其结构代码如下。

```html
<div id="nav"><!-- 导航部分开始 -->
    <div id="nav-left"><!-- 放置左侧圆角背景 -->
        <div id="nav-right"><!-- 放置右侧圆角背景 -->
            <div id="navmain"><!-- 主导航开始 -->
                <ul>
                    <li><a href="#">首页</a></li>
                    <li><a href="#">鲜花</a></li>
                    <li><a href="#">蛋糕</a></li>
                    <li><a href="#">礼篮</a></li>
                    <li><a href="#">商务鲜花</a></li>
                    <li><a href="#">绿植花卉</a></li>
                    <li><a href="#">卡通花束</a></li>
                    <li><a href="#">开业花篮</a></li>
                    <li><a href="#">品牌公仔</a></li>
                </ul>
            </div><!-- 主导航结束 -->

            <div id="navbot"><!-- 辅导航开始 -->
```

```html
            <div id="navbot_left">
                <a style="font-weight: bold; color: #903;" href="#">欢迎
                您来到花满屋!</a>
                <a href="#">登录</a>
                <a href="#">注册</a>
            </div>
            <div id="navbot_right">
                <ul>
                    <li><a href="#">我的帐户</a></li>
                    <li><a href="#">订单查询</a></li>
                    <li><a href="#">付款方式</a></li>
                    <li><a href="#">配送范围</a></li>
                    <li><form id="form1" name="form1" method="post" action="">
                        <input name="" type="text"/>
                        <input type="submit" name="find" id="find" value="
                        搜索"/>
                        </form>
                    </li>
                </ul>
            </div><!-- 辅导航结束 -->
        </div>
    </div>
</div>
```

根据外观设计效果,创建 CSS 规则如下。

```css
#nav {
    background: url(../images/nav1_bg.jpg) repeat-x;
}/*导航主体背景*/
#nav-left {
    background-image: url(../images/nav1_left.jpg) no-repeat left center;
}/*导航左侧圆角背景*/
#navbot_left {
    width: 250px;
    float: left;
    padding-left: 25px;
}
#nav-right {
    background-image: url(../images/nav1_right.jpg) no-repeat right center;
    height: 81px;
}/*导航右侧圆角背景*/
#navmain {
    height: 45px;
```

```css
}
#navmain ul li {
    float: left;
    line-height: 45px;
    height: 45px;
    margin-right: 27px;
    padding-left: 27px;
}
#navmain ul li a {
    color: #FFF;
    display: block;
    height: 45px;
    float: left;
    text-decoration: none;
}
#navmain ul li a:hover {
    color: #F60;
    background-color: #FFF;
}
#navbot{
    height: 36px;
    line-height: 36px;
}
#navbot_left {
    width: 250px;
    float: left;
    padding-left: 25px;
}
#navbot_left a {
    display: block;
    float: left;
    margin-right: 15px;
    color: #03F;
}
#navbot_left a:hover {
    color: #900;
}
#navbot_right {
    float: right;
    width: 490px;
}
#navbot_right ul li {
    float: left;
    margin-right: 20px;
}
```

保存网页,在浏览器中预览的效果如图7-37所示。

图7-37 导航的预览效果

3) 左边内容的制作

左边内容由"鲜花导购"与"客户服务"组成,其结构代码如下。

```
<div id="left">
    <div id="xianhuadg"></div>
    <div id="service"></div>
</div>
```

a. "鲜花导购"部分的制作

"鲜花导购"分为"按用途选花""按花品选花""按制作选花""按价格选花"4个部分。这4个部分的外观一样,制作方法也一样,因此,以"按用途选花"为例进行讲解。其中的内容都是文本,输入相应的内容,其结构代码如下。

```
<div id="xianhuadg" class="line">
    <h3>鲜花导购</h3>
    <div id="sp_list" class="circle">
        <dl>
        <h5>按用途选花</h5>
        <p><a href="#">生日鲜花</a><a href="#">爱情鲜花</a><a href="#">友情鲜花</a><a href="#">问候长辈</a><a href="#">探病鲜花</a><a href="#">开业乔迁</a><a href="#">生子恭贺</a><a href="#">商用礼仪</a><a href="#">道歉鲜花</a><a href="#">婚庆鲜花</a><a href="#">回报恩师</a><a href="#">祝福庆贺</a><a href="#">自选鲜花</a><a href="#">丧葬礼仪</a><a href="#">事业升迁</a></p></dl>
    </div>
</div>
```

根据外观设计效果,创建CSS规则如下。

```
h3{
    height: 34px;
    font-size: 16px;
    line-height: 34px;
    color: #FFF;
    padding-left: 10px;
}
#xianhuadg h3 {
```

```css
    background: url(../images/xianhuandg_bg.jpg) no-repeat;
}/*鲜花导购背景图*/
#sp_list {
    padding-bottom: 20px;
}
#sp_list dl {
    background: url(../images/yongtu_bg.jpg) repeat-x top;
    padding-left: 10px;
}/*按用途选花,淡粉色背景图*/
#sp_list dl h5 {
    background: url(../images/icon.jpg) no-repeat left center;/*小三角图标*/
    padding: 5px 0px 0px 14px;
    color: #666;
    margin-bottom: 10px;
}
p a {
    background: url(../images/line.jpg) no-repeat right center;/*每条内容后的分隔竖线*/
    display: block;
    float: left;
    margin: 0px 13px 10px 0px;
    padding-right: 8px;
}
.line {
    background: url(../images/list_bg.jpg) repeat-y;/*鲜花导购两侧边框线*/
}
.circle {
    background: url(../images/circle.jpg) no-repeat left bottom;/*鲜花导购下圆角边框*/
}
```

保存网页,在浏览器中预览的效果如图7-38所示。

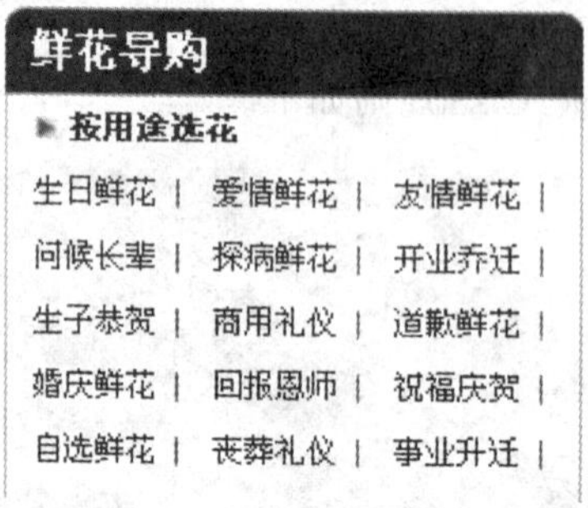

图7-38 左边内容的"鲜花导购"预览效果

b. "客户服务"部分的制作

该部分的内容都是文本,输入相应文本内容,其结构代码如下。

```html
<div id="service" class="line"><h3>客户服务</h3>
<div id="service_list" class="circle">
    <ul>
        <li><a href="#">服务声明</a></li>
        <li><a href="#">境外支付</a></li>
        <li><a href="#">配送范围</a></li>
        <li><a href="#">取消订单</a></li>
        <li><a href="#">订单查询</a></li>
    </ul>
    <ul>
        <li><a href="#">支付说明</a></li>
        <li><a href="#">配送说明</a></li>
        <li><a href="#">补交货款</a></li>
        <li><a href="#">安全条款</a></li>
        <li><a href="#">隐私条款</a></li>
    </ul>
</div>
</div>
```

根据外观设计效果,创建 CSS 规则如下。

```css
#service_list {
    overflow: hidden;
    height: 150px;
}
#service_listul li {
    background: url(../images/icon2.jpg) no-repeat left center;/*小四方形状图标*/
    padding-left: 14px;
    padding-top: 5px;
    padding-bottom: 5px;
}
#service_listul {
    float: left;
    margin-left: 10px;
    margin-top: 10px;
    margin-right: 20px;
}
#service h3 {
    background: url(../images/service_bg.jpg) no-repeat;
}/*客户服务背景图*/
```

```
.line {
    background: url(../images/list_bg.jpg) repeat-y;
}
.circle {
    background: url(../images/circle.jpg) no-repeat left bottom;
}
```

保存网页,在浏览器中预览的效果如图 7-39 所示。

图 7-39 左边内容的"客户服务"预览效果

4) 右边内容的制作

根据布局分析,右边部分从上往下由 4 部分组成,其结构代码如下。

```
<div id="right">
    <div id="right_top"></div>
    <div id="hotshopxh"></div>
    <div id="birthdaycake"></div>
    <div id="zhinan"></div>
</div>
```

右侧内容的 CSS 规则初始化如下。

```
#right {
    float: left;
    width: 668px;
}
```

a. 顶部 right_top 内容的制作

顶部内容由一张广告图片与"为什么选择我们"组成,插入这些内容的结构代码如下。

```
<div id="right_top">
    <img src="images/photo.jpg" width="435" height="144"/>
    <div id="why" class="line"><h3>为什么选择我们</h3>
        <div id="why_list" class="circle">
```

```
            <ul>
                <li class = "list1">品牌    10 年品质保证,行业销量第一</li>
                <li class = "list2">新鲜    采用昆明顶级花材,保证新鲜</li>
                <li class = "list3">快捷    网上订花,6 小时内送货到家</li>
            </ul>
        </div>
    </div>
</div>
```

根据外观设计效果,创建 CSS 规则如下。

```
#right_top {
    margin-bottom: 8px;
} #right img {
    float: left;
    margin-right: 6px;
}
#why {
    width: 220px;
    float: right;
}
#why_list ul {
    margin-left: 12px;
}
#why_list ul li {
    padding: 6px 0px 9px 5px;
}
.list1 {
    background: url(../images/why_pinpai_bg.jpg)
    no-repeat left center;;
    margin-top: 5px;
}
.list2 {
    background: url(../images/why_kb_bg.jpg) no-repeat left center;
}
.list3 {
    background: url(../images/why_kj_bg.jpg) no-repeat left center;
    margin-bottom: 5px;
}
```

保存网页,在浏览器中预览的效果如图 7-40 所示。

b. "热卖鲜花"内容的制作

"热卖鲜花"部分由标题与鲜花图片展示构成,插入这些内容的结构代码如下。

图 7-40　顶部 right_top 的预览效果

```
<div id="hotshopxh" class="zping">
    <div class="top">
        <h3>热卖鲜花</h3>
        <p class="more"><a href="#">更多>></a></p>
    </div>
    <div class="clear">
        <ul><img src="images/h1.jpg" width="138" height="140"/><a class="title" href="#">你是我的幸福</a><br/><span class="sprice">市场价:&yen;300</span><br/>
        现价:<span class="xprice">&yen;150</span>
        </ul>
        <ul><img src="images/h2.jpg" width="138" height="140"/><a class="title" href="#">爱你没商量</a><br/><span class="sprice">市场价:&yen;198</span><br/>
        现价:<span class="xprice">&yen;98</span>
        </ul>
        <ul><img src="images/h3.jpg" width="138" height="140"/><a class="title" href="#">心心相印</a><br/><span class="sprice">市场价:&yen;200</span><br/>
        现价:<span class="xprice">&yen;100</span>
        </ul>
        <ul><img src="images/h4.jpg" width="138" height="140"/><a class="title" href="#">一见倾心</a><br/><span class="sprice">市场价:&yen;168</span><br/>
        现价:<span class="xprice">&yen;68</span>
        </ul>
    </div>
</div>
```

根据外观设计效果,创建 CSS 规则如下。

```
.zping {
    height: 250px;
```

```
        margin-top: 10px;
        border: 1px solid #CCC;
}
.top {
        height: 32px;
        background-color: #CCC;
}/*热卖鲜花标题背景色*/
.top h3 {
        color: #F00;
        float: left;
}
.more {
        float: right;
        line-height: 32px;
        height: 32px;
}
.zping ul {
        margin: 10px 0px 6px 13px;
        float: left;
        width: 140px;
        text-align: center;
}
.zping ul img {
        border: 1px solid #CCC;
        margin-bottom: 8px;
}/*图像边框*/
```

保存网页,在浏览器中预览的效果如图 7-41 所示。

图 7-41 "热卖鲜花"的预览效果

"生日蛋糕"部分与"热卖鲜花"的外观一样,只需把"热卖鲜花"部分的结构代码进行复制,修改其中的图片、文本内容以及 DIV 标签的 ID 名称即可。在此不再介绍。

c. "指南"内容的制作

"指南"部分的内容都是文本,输入所需的文本,在此还是用 UL 标签来实现,其结构代码如下。

```html
<div id="zhinan">
    <ul class="zn_list">
        <li class="bt">新手指南</li>
        <li><a href="#">送花技巧</a></li>
        <li><a href="#">购物流程</a></li>
    </ul>
    <ul class="zn_list">
        <li class="bt">如何付款</li>
        <li><a href="#">支付方式</a></li>
        <li><a href="#">货到付款</a></li>
    </ul>
    <ul class="zn_list">
        <li class="bt">配送方式</li>
        <li><a href="#">配送范围</a></li>
        <li><a href="#">配送服务说明</a></li>
    </ul>
    <ul class="call">
        <li><span style="margin-bottom:8px; color:#00F;">咨询定购热线</span></li>
        <li><span style="color:#F00;">400-123-4567</span></li>
    </ul>
</div>
```

根据外观设计效果,创建 CSS 规则代码如下。

```css
#zhinan {
    background-color:#DDD;
    height:90px;
    margin-top:8px;
}
.zn_list {
    float:left;
    width:100px;
```

```css
    margin:0px 40px 0px 20px;
    text-align: center;
    margin-top: 8px;
}
.zn_list li {
    margin-top: 7px;
}
.bt {
    font-size: 16px;
    font-weight: bold;
    color: #444;
    padding-bottom: 3px;
    text-decoration: underline;
}
.call {
    font-size: 16px;
    font-weight: bold;
    margin-top: 25px;
}
```

保存网页,在浏览器中预览的效果如图7-42所示。

图7-42 "指南"的预览效果

5)版尾部分的制作

版尾内容为版权声明文本,输入所需的文本,其结构代码如下。

```html
<div id="footer">
    <p>花满屋鲜花礼品网 2016—2020 版权所有<br/>
    客户服务时间 8:00—21:00 全国统一服务热线 400-123-4567
    </p>
</div>
```

根据外观设计效果,创建CSS规则如下。

```css
#footer {
    text-align: center;
    height: 40px;
    margin-top: 10px;
    border-top: solid 1px #CCC;
    border-top-width:;
    padding-top: 20px;
}
```

保存网页,在浏览器中预览的效果如图7-43所示。

花满屋鲜花礼品网 2016-2020 版权所有
客户服务时间 8:00-21:00 全国统一服务热线 400-123-4567

图7-43 版尾的预览效果

至此,页面制作完毕,保存网页,在浏览器中预览的效果如图7-44所示。

图7-44 网页的预览效果

7.4.4 网站发布

现在依据要求完成了网站的页面制作工作,下面需要将网站发布到互联网上。

1. 准备 Web 服务器

一般,Web 服务器可以在本地配置,也可以利用别人已经准备好的。配置本地服务器需要安装 IIS 或其他程序。本小节只讲解如何将在本地做好的网站上传至远端服务器,并对本地和远程文件进行管理与维护,具体步骤是:

① 保证本地电脑处于联网状态,打开百度、Google 等搜索引擎,输入"免费个人空间"等关键字,查找可以申请免费空间的网站。在此以 www.5944.net 为例,在地址栏中输入"www.5944.net",打开 5944 免费空间的首页,首先需要注册免费空间用户,单击"立即注册"按钮,如图 7-45 所示。

图 7-45　5944 免费空间的首页

② 进入注册页面,输入新用户信息,如图 7-46 所示。

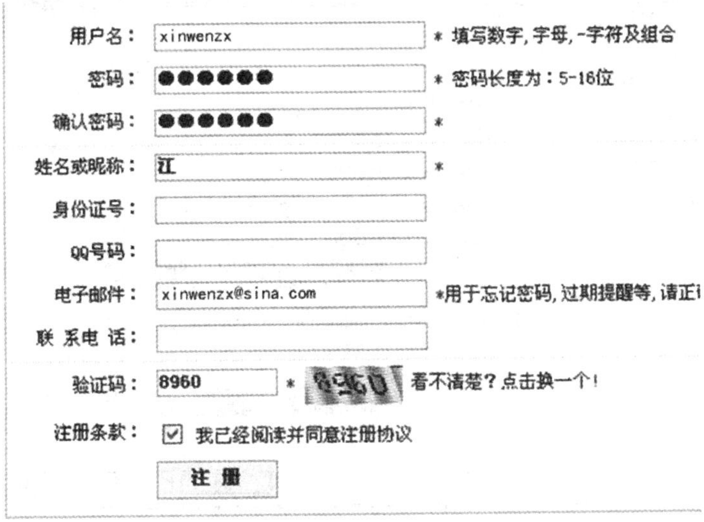

图 7-46　注册界面

③ 注册成功后,将提供一些非常重要的服务器端的信息,如 FTP 地址、FTP 账号、FTP 密码以及域名。这些信息将是连接服务器和浏览网页的钥匙,如图 7-47 所示。

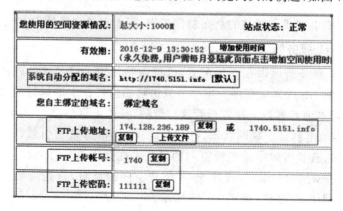

图 7-47　FTP 信息

④ 获取到服务器的信息后,服务器的准备工作即告一段落,下面将进行服务器的连接。

2. 连接 Web 服务器

具体步骤是:

① 启动 Dreamweaver,在"欢迎界面"的"新建"栏中选择"Dreamweaver 站点",或者选择"新建"→"新建站点"菜单项,弹出站点向导对话框,打开"高级"选项卡,在"分类"列表框中选择"本地信息",只填写"站点名称""本地根文件夹"和"默认图像文件夹"信息即可,如图 7-48 所示。

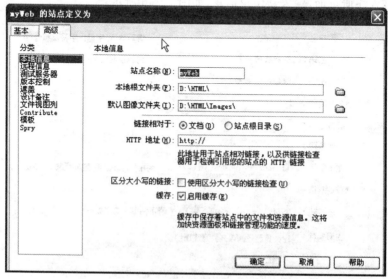

图 7-48　本地信息

② 在"分类"列表框中选择"远程信息",在"访问"下拉列表框中选择 FTP,如图 7-49 所示。

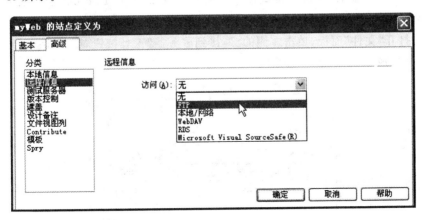

图 7-49 访问选择

③ 选择 FTP 后,面板下面自动展开内容,此时使用在服务器准备阶段获取的信息,分别填写 FTP 上传地址("FTP 主机")、FTP 账号("登录")和"密码",然后单击"测试"按钮,如果连接成功,则会弹出已经连接成功的提示对话框,单击"确定"按钮,如图 7-50 所示。

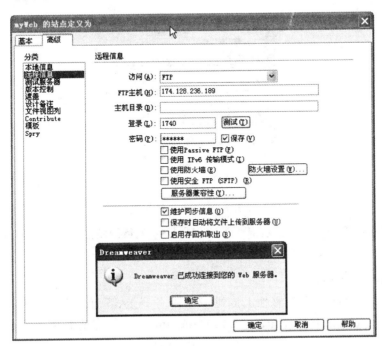

图 7-50 填写远程信息

3. 上传站点

连接到服务器后,就可以将做好的网站上传发布,并在 Internet 上浏览了,具体步骤是:

① 打开"文件"面板,单击左侧的"连接到服务器"工具按钮 ,确保已经与远端计算机连接成功,如图 7-51 所示。

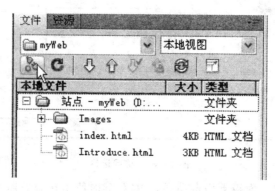

图 7-51 连接远端服务器

② 选中列表中的站点文件夹,单击"上传文件"工具按钮 ,弹出提示对话框,单击"确定"按钮,如图 7-52 所示。

图 7-52 上传站点

③ 将视图切换到"远程视图",可以看到,刚才上传的站点文件都在这里了,此时删除"远端站点"目录中默认的主页文件 us.htm,如图 7-53 所示。

4. 访问远程站点

至此,整个站点已经完整地上传到 Web 服务器上,下面就可以访问站点了。打开浏览器,在地址栏中输入 http://1740.5l5l.info/,这是在前面注册服务器时自动分配的域名(见图 7-47),按回车键,刚才上传的网页即打开,如图 7-54 所示。

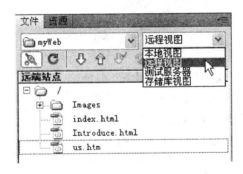

图 7-53 远程视图

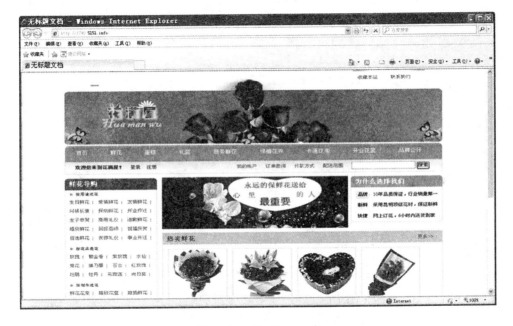

图 7-54 访问远程站点

7.5 小 结

通过本章的学习,完成了一个 DIV+CSS 的网页制作,具体内容是:

① 学习了 DIV+CSS 网页制作的组合方式,主要通过遵循代码由上至下、由左至右的编译顺序来实现。

② 认识了盒模型以及相关元素类型。

③ 认识了 DIV 标签以及设置 DIV 的属性。

④ 学习了网站建设规划流程,完成了 DIV+CSS 的网页制作。

习 题

1. 简述盒模型的宽度和高度如何计算。
2. 网页 DIV 标签的常见属性主要有哪些?
3. 网页 DIV 标签中的 Float 浮动值有哪些?
4. 网页 DIV 标签中的 Position 定位有几种?

参考文献

[1] [美]谢弗,黄晓磊.HTML、XHTML 和 CSS 宝典.北京:清华大学出版社,2011.
[2] 张树明.Web 技术基础——XHTML、CSS、JavaScript.北京:清华大学出版社,2013.
[3] 郑娅峰.网页设计与开发——HTML、CSS、JavaScript 实例教程.3 版.北京:清华大学出版社,2016.
[4] 李海燕.DIV+CSS 布局与样式之网站设计精粹.北京:清华大学出版社,2014.
[5] [美]迈耶.CSS 权威指南.3 版.北京:中国电力出版社,2007.
[6] [美]鲍西.CSS 入门.3 版.北京:清华大学出版社,2012.
[7] 丁桂芝.Fireworks CS6 案例教程.2 版.北京:电子工业出版社,2014.
[8] http://www.w3school.com.cn/.